云南省特色畜禽资源保护与利用

佟荟全　李美荃　黄　伟　著

哈爾濱工業大學出版社

内容简介

本书主要介绍我国畜禽品种的整体发展、资源保护与利用现状，以及云南省特色畜禽遗传资源，包括猪、牛、绵羊、山羊、鸡、鸭、鹅、马、驴、蜂、犬等地方品种，每个品种介绍包括定名、地理分布、品种特征、品种性能、肉质特性、生产性能、繁殖性能、遗传资源保护与研究利用、评价与展望，旨在为进一步挖掘和整理云南省地方畜禽遗传资源，加强资源保护与可持续利用，为种质创新提供素材和依据。

本书可供从事畜禽资源保护工作的有关管理人员、科研人员、技术人员及大专院校师生参考使用。

图书在版编目(CIP)数据

云南省特色畜禽资源保护与利用/佟荟全，李美荃，黄伟著. —哈尔滨：哈尔滨工业大学出版社，2022.8

ISBN 978-7-5767-0327-6

Ⅰ.①云… Ⅱ.①佟… ②李… ③黄… Ⅲ.①畜禽-种质资源-资源保护-云南②畜禽-种质资源-资源利用-云南 Ⅳ.①S813.9

中国版本图书馆 CIP 数据核字(2022)第 143827 号

策划编辑 杨秀华
责任编辑 张 颖
封面设计 刘 乐
出版发行 哈尔滨工业大学出版社
社 址 哈尔滨市南岗区复华四道街 10 号 邮编 150006
传 真 0451-86414749
网 址 http://hitpress.hit.edu.cn
印 刷 哈尔滨圣铂印刷有限公司
开 本 787 mm×1 092 mm 1/16 印张 8.5 字数 202 千字
版 次 2022 年 8 月第 1 版 2022 年 8 月第 1 次印刷
书 号 ISBN 978-7-5767-0327-6
定 价 45.00 元

前　言

我国疆域辽阔，陆海兼备，孕育了丰富而又独特的生态系统和物种，是世界上生物多样性最丰富的国家之一。云南省是我国生物多样性较丰富的省份，也是许多物种的起源地，素有“动物王国”和“物种基因库”之称。云南省地理地貌形态多样，气候类型复杂，生物多样性十分丰富，地方畜禽品种和类群数量在全国名列前茅。

畜禽品种资源是一种非常珍贵的自然资源，是生物种质资源的重要组成部分，特色畜禽品种在推动畜禽品种资源整体发展中有着不可替代的巨大作用。通过对这些特色资源的保护开发、繁殖和推广利用，可为未来种质创新的多样化发展提供更多的可能。

本书主要介绍我国畜禽品种的整体发展、资源保护与利用现状，以及云南省特色畜禽遗传资源，包括云南省猪、牛、绵羊、山羊、鸡、鸭、鹅、马、驴、蜂、犬等具有代表性的地方品种，每个品种介绍包括定名、地理分布、品种特征、品种性能、肉质特性、生产性能、繁殖性能、遗传资源保护与研究利用、评价与展望等。旨在进一步挖掘和整理地方畜禽遗传资源，加强资源保护与可持续利用，为种质创新提供素材和依据，为畜牧业健康可持续发展提供资源保障和技术支撑。

地方特色畜禽品种资源必须在做好保护工作的基础上，抓住机遇进行开发与可持续利用，实现创造性传承与发展。本书以保护特色畜禽资源，促进畜禽业可持续发展为基本出发点，立足我国畜禽遗传资源保护与利用的全局需求，从《国家畜禽遗传资源品种名录》《中国家畜家禽品种志》《云南省家畜家禽品种志》遴选特性突出、研究深入、保护效果好、开发价值高的地方畜禽品种进行介绍。书中内容涵盖了猪（7 个品种）、牛（8 个品种）、羊（9 个品种）、鸡（11 个品种）、鸭（2 个品种）、鹅（2 个品种）、马、驴、蜂和犬在内的共 10 个物种、43 个品种。

本书在《中国畜禽遗传资源志》《云南省家畜家禽品种志》基础上，全面、系统地介绍云南省特色畜禽资源保护与利用，并进行了翔实的学术性注解与应用性总结，有助于挖掘具有独特生产性能、独特适应性、抗逆性强和珍稀濒危的地方品种资源；有利于提升云南省畜禽遗传资源保护水平和开发能力，加快推进现代畜禽种业建设；有利于促进畜牧业结构调整，满足人们对畜产品优质化、多样化的需要。

本书是昆明学院畜禽品种资源团队的成果，多年来该团队立足于昆明学院服务地方经济应用型本科院校的定位，积极开展相关的调查和研究工作。团队负责人佟荟全、李美荃、黄伟等负责本书资料的搜集、整理，以及相关信息的检索与校对。

由于作者水平有限，云南省特色畜禽资源保护与利用涉及面很广，调查收集不全面，书中疏漏及不足之处在所难免，敬请同行和读者批评指正。

作　者

2022 年 5 月

目　　录

第一章　我国畜禽资源现状

第一节　我国畜禽资源品种

据联合国粮食及农业组织(FAO)所下定义,畜禽品种资源是指畜禽本身及其所有的体细胞或生殖细胞系,包括畜禽的所有种、品种和品系,尤其是那些对人类的现在或将来的农业生产具有经济的、科学的和文化意义的所有畜禽种、品种和品系。从某种程度上来说,畜禽品种资源的表现形式就是广泛分布于世界各地的各种畜禽品种,其遗传基础是畜禽的遗传多样性。畜禽作为生物圈的特殊成员,是长期自然选择和人工选择的产物,地区间的地形、气候等自然因素的差异以及人们选择目标的不同,造就了现存的千差万别的畜禽品种资源。

我国拥有世界上最为丰富的畜禽遗传资源,目前已发现的地方品种有545个,引进品种有104个,以地方品种为素材培育的新品种、配套系有101个,已发现的地方品种约占世界畜禽遗传资源总量的1/6。我国地方畜禽遗传资源数量统计见表1.1。

表1.1　我国地方畜禽遗传资源数量统计

畜种	地方品种/个	国家级保护品种/个	省级保护品种/个	其他品种/个
猪	90	42	32	16
牛	94	21	47	26
羊	101	27	52	22
家禽	175	49	97	29
其他	85	20	32	33
合计	545	159	260	126

生产者为了追求更高的经济效益,对市场竞争力不强的地方品种进行改良或者淘汰,另外引入的外种和自主培育的规模化品种对地方遗传资源的冲击,导致我国部分地方品种的濒危或灭绝,其中地方猪品种濒危和消失最为严重。据统计,近20年来,我国濒危和濒临灭绝的地方畜禽品种约占地方品种总数的18%,其中处于濒危的有15个,濒临灭绝的有44个,已灭绝的有17个,这种趋势将随着集约化程度的提高和大量的引种而进一步加剧。畜禽遗传资源的危机导致遗传变异越来越小,无法满足正常畜牧生产的需求,严重影响了我国畜牧业的可持续健康发展。因此,必须共同完成遗传资源保护与开发的协同发展,既要防止优良地方品种资源的减少,又要加快畜禽品种改良的步伐,尽最大努力处理好资源保护与品种改良的关系。

第二节　我国畜禽资源发展

我国气候、地形地貌和海拔梯度独具特色，是世界上畜禽品种资源最丰富的国家之一。其中，较晚期驯化物种和近缘野生物种的家养畜禽种质资源物种有 54 个，品种和类群有 1 943 个。畜禽种质资源是畜牧生产和可持续发展的基础，也是满足未来不可预见需求的重要基因库，在畜牧生产和新种质资源形成的过程中发挥了非常重要的作用。随着对家养畜禽种质资源认识的不断深入和人们需求的多样化，不断有新的资源被发现、引入、培育出来。

近 30 年来，为满足人们对肉、蛋、奶等畜产品的需求，我国相继引进了大量的外来高产畜禽种质资源(品种)，对低产地方畜禽种质资源(品种)进行改良，使畜牧生产水平大幅度提高。但改良的消极后果是某些地方品种逐渐被培育品种或杂交品种所取代，致使许多具有优良特性的地方畜禽种质资源(品种)数量不断下降，处于濒危甚至灭绝的境地。20 世纪 70 年代末至 80 年代初进行的第一次畜禽种质资源普查结果证实，我国已有 10 个地方品种消失，8 个地方品种濒临灭绝，20 个地方品种数量正在减少。2006—2010 年进行的第二次畜禽遗传资源调查发现，有 15 个地方品种未发现，有 59 个地方品种处于濒危或濒危灭绝。

本书以《中国家畜家禽品种志》《中国畜禽遗传资源志》及《中国畜禽遗传资源状况》有关资源所收集品种信息为参考，结合地方品种资源志及发表的研究资料，确定了本书收录的畜禽种质资源(品种)范围及数量，包括猪、家禽(鸡、鸭、鹅)、牛(黄牛、水牛、大额牛)、羊(绵羊、山羊)和马、驴、驼等家养畜禽种质资源。在第一阶段建设期间，即 2005—2010 年，根据《中国家畜家禽品种志》《中国畜禽遗传资源状况》，有关研究单位及种畜禽场对测定数据等信息数据整理加工形成了畜禽种质资源数据集，其中包括猪 99 个、牛 107 个、羊 100 个、家禽 155 个(鸡 100 个、鸭 29 个、鹅 26 个)、马 47 个、驴 21 个、骆驼 4 个，共 533 个品种的种质资源数据信息。在第二阶段，即 2013—2017 年，经过修改更新后，包括猪 162 个、牛 122 个、羊 145 个、家禽 183 个(鸡 116 个、鸭 36 个、鹅 31 个)、马 54 个、驴 24 个、骆驼 6 个、兔 13 个，共 709 个品种的种质资源信息。

第三节　我国畜禽资源保护与利用

畜禽品种资源是生物多样性的重要组成部分，是人类赖以生存和发展的基础，是满足未来不可预见的重要基因库，它的任何一点利用都可能在类型、质量、数量上给肉、蛋、奶和毛皮等生产带来创新。因此，为了使畜牧业持续、稳定、高效地发展，满足人类社会对畜产品种类、质量的更高需求，加强对现有畜禽品种资源的保护和有效、合理、持续利用具有重大意义。

为了加强对畜禽遗传资源的保护与研究力度，我国相继颁布了《种畜禽管理条例》《中华人民共和国畜牧法》等，同时农业农村部建立并完善国家畜禽遗传资源管理委员会机构，加强各地保种场、保护区和基因库的建设，促进畜禽遗传资源保种事业的有序发展。

截至目前,已经纳入国家和省级保护名录的畜禽品种达到 419 个,占地方品种总数的 76% ,其中国家级保护品种有 159 个。建设国家级畜禽遗传资源保种场、保护区和基因库总数量已达到 195 个,累计保护地方品种 249 个,其中抢救性保护了金阳丝毛鸡、浦东白猪、海仔水牛等 39 个濒临灭绝的地方品种。但由于各地保种工作力度不均衡,目前仍有 49 个地方遗传资源品种尚未建立保种场或保护区。这些没有建立保种场或保护区的地方品种,由地方农户散养保存。随着我国城镇化建设的加快以及大量规模化外来品种的引进,导致大量农村散养户退出,地方品种生存空间变小。目前,超过 50% 的地方品种数量呈下降趋势。

第二章　我国畜禽资源保护

第一节　我国畜禽资源保护工作的法规和政策性文件

1994年国务院颁布了《种畜禽管理条例》，随后农业农村部出台了《种畜禽管理条例实施细则》，不少省（区、市）也制定了相关的管理办法，为依法管理提供了依据。2006年7月1日起开始施行的《中华人民共和国畜牧法》（以下简称《畜牧法》）已把畜禽遗传资源保护和利用作为一项重要内容，并对畜禽遗传资源保护利用、繁育、饲养、经营、运输等环节进行了全面规范。深入贯彻落实《畜牧法》，畜禽遗传资源保护和利用政策法规体系更加完善。制定《畜禽新品种配套系审定和畜禽遗传资源鉴定技术规范（试行）》等配套法规，修订《国家级畜禽遗传资源保护名录》，国家级保护品种从138个增加到159个。

为进一步加强畜禽遗传资源保护开发利用工作，维护生物多样性，促进现代畜牧业可持续发展，根据《畜牧法》有关规定，农业农村部制定了《全国畜禽遗传资源保护和利用“十三五”规划》。

第二节　我国畜禽资源保护体系

畜禽遗传资源保护的技术方法主要有：活体原位保种、配子或胚胎的冷冻保存、DNA保存和体细胞保存4种方法，其中后3种属于易位保存。

1. 活体原位保种

活体原位保种是目前较为实用的方法，主要通过在资源品种原产地建立保种场或保护区的方式，对资源开展利用的同时进行资源的活体保存。我国于20世纪50年代就建立了一批种畜禽场；20世纪80年代，国家投入了近亿元资金在全国各地建立了一大批各具特色的优良地方品种资源场和种公牛站。“八五”期间，农业农村部又确认了83个国家级重点种畜禽场，对一些优良地方品种资源场的基础设施进行了建设；各省、地、县根据当地的品种优势和特点，也建立了一批地方种畜禽场并划定保护区，制订保种方案和进行良种登记，有计划地开展了保种选育工作。“九五”期间，国家启动了畜禽种质资源保护项目，重点进行增加活畜数量及完善相应基础设施等工作；同时分别在北京和江苏建立了国家家畜和家禽品种基因库，保存了一批原始品种和种质素材，初步建立了畜禽资源保护体系，为畜牧业的可持续发展奠定了基础，也得到了国际社会的高度评价。“十二五”期间，国家级畜牧遗传资源保种场、保护区、基因库数量由119个增加至187个。我国地方畜禽遗传资源保种场、保护区和基因库数量见表2.1。

表 2.1　我国地方畜禽遗传资源保种场、保护区和基因库数量

<table>
<tr><th>畜种</th><th>国家级畜禽遗传保种场/个</th><th>国家级畜禽遗传资源保护区/个</th><th>国家级畜禽遗传资源基因库/个</th></tr>
<tr><td>家禽</td><td>48</td><td>0</td><td>4</td></tr>
<tr><td>猪</td><td>54</td><td>6</td><td rowspan="4">2</td></tr>
<tr><td>牛</td><td>18</td><td>3</td></tr>
<tr><td>羊</td><td>20</td><td>4</td></tr>
<tr><td>其他</td><td>18</td><td>10</td></tr>
<tr><td>合计</td><td>158</td><td>23</td><td>6</td></tr>
</table>

2. 易位保存

随着现代生物技术的发展,超低温冷冻方法作为活体保种的补充方式,可以较长时间地保存地方畜禽品种或者优良品种的优势基因。该方法是通过建立畜禽遗传资源基因库的方式,以冷冻保存地方畜禽资源的精液、胚胎、体细胞、血液和 DNA 等进行遗传资源的易位保种。目前,我国已建设家畜、地方鸡种、水禽和蜜蜂等国家级畜禽遗传资源基因库6个。其中,国内最大、世界上保存地方鸡种资源最多的国家级地方鸡种基因库(江苏),现已冷冻保存了168个地方禽种的1.3万余份 DNA 样本。截至2018年,国家级家畜基因库共保存了牛(普通牛、牦牛、水牛、大额牛)、羊(绵羊、山羊)、猪、马(驴)等104个地方畜种55万余剂的冷冻精液。同时,随着冷冻胚胎、体细胞系和基因组遗传信息等保存技术的日益完善,该基因库保存了冷冻胚胎1.5万余枚,成纤维细胞系5 000余份;收集了包含牛、羊、猪和马(驴)等277个地方畜种的2万余份 DNA 和血样,保存品种分布涉及我国21个省(自治区、直辖市)、5个气候带。

第三节　我国畜禽资源保种和选育

1. 保护利用机制进一步完善

为充实国家畜禽遗传资源委员会专家队伍,山西等14个省(区、市)成立了省级畜禽遗传资源委员会,为深入开展遗传资源保护和利用提供了有力支撑。创建完善原产地保护和异地保护相结合、活体保种和遗传物质保存互为补充的地方畜禽遗传资源保护体系,江苏等省份创新保种机制,积极探索“省级主管部门+县市政府+保种场”三方协议保种试点。截至目前,通过遗传物质交换、建立保种场等方式,全国累计抢救性保护了大蒲莲猪、萧山鸡、温岭高峰牛等39个濒临灭绝的地方品种,保护了249个地方品种。

2. 科技创新水平进一步提高

近20年,国家加强了畜禽品种资源的基础研究,开展了部分畜禽品种的种质特性和遗传距离测定等方面的系统研究,在畜禽系统保种理论和保种方法等方面取得了一定成果,为我国开展畜禽品种资源的保存工作提供了科技支撑。

为使我国丰富的畜禽品种资源优势转化为经济优势,在加强保护的同时,重点开展了畜禽品种的选育和产业化开发。近20年来,运用现代育种技术和手段,选育了一大批专

门化品系和新品种，涌现了一批以育种、生产、加工企业为一体的畜禽资源开发利用模式，使许多畜禽地方品种的主要优良性状得以保持，生产性能有了较大提高。

我国先后开展了地方品种分子育种研究，在生长发育、肉质及抗病性状选育改良等方面取得重要进展，申请了一批技术专利，部分研究成果达到国际领先水平。与此同时，利用现代生物学技术，开展深度基因重组测序，成功构建了 68 个地方猪种的 DNA 库，为地方猪种质特性遗传机制研究和优良基因挖掘奠定了基础。

研究建立地方家畜遗传材料制作与保存配套技术体系，实现了国家家畜基因库遗传物质保存自动化、信息化和智能化。应用蛋鸡绿壳基因鉴定技术，成功培育“新扬绿壳”“苏禽绿壳”配套系，缩短了育种周期。

3. 资源开发潜力进一步挖掘

以市场为导向，我国地方畜禽遗传资源开发利用步伐加快，满足了多元化的消费需求，逐步实现了资源优势向经济优势的转化。“十二五”期间，我国以地方品种为主要素材，培育了川藏黑猪配套系、Z 型北京鸭等 50 个新品种、配套系。目前，黄羽肉鸡占据我国肉鸡市场近半壁江山，山羊绒品质、长毛兔产毛量、蜂王浆产量等居国际领先水平。随着国家扶贫攻坚力度的不断加大，地方畜禽遗传资源开发成为产业扶贫的地方品种产业化开发利用统计的重要手段，为促进农民脱贫致富发挥了积极作用。地方品种产业化开发利用统计见表 2.2。

表 2.2　地方品种产业化开发利用统计

畜种	产业化开发地方品种		用于培育新品种、配套系的地方品种	
	数量	占比/%	数量	占比/%
猪	63	70	14	16
牛	38	40	7	7
羊	56	55	11	11
家禽	115	66	61	35
其他	21	25	8	9
合计	293	54	101	19

第三章　我国畜禽资源利用

第一节　我国畜禽资源的经济价值

于人类而言，自然资源的经济价值是一种消费性价值，是对自然资源的不停消耗，这可能导致消费对象的毁灭。作为一种自然资源的畜禽遗传资源，其经济价值包括商品价值和生态价值，两者可同为一体，但又有着明显的区别。

首先，二者所属对象不同，商品价值属于劳动者或生产者，而生态价值则为公众所有；

其次，市场属性不同，生态价值不能像商品价值一样在市场上得到实现，需要人类通过对畜禽遗传资源的保护而得以实现。

人类为了满足自身对畜禽产品品质上的需求，不断培育新的畜禽品种，以消除因不同的地理、政治、经济、文化背景导致的不一样的使用价值，满足不同喜好导致的消费意愿的多样性。

第二节　我国畜禽资源的生态价值

生物多样性是人类生活于地球上的必要条件。生物多样性既能维护自然界的生态平衡，为人类提供适于居住的、良好的环境，又能为人类的生存和发展提供充沛的物质资源。我国畜禽资源丰富，早期由于缺乏保护意识，引进了许多国外品种进行杂交，破坏了本土畜禽资源，失去了发展地方特色资源的机会。随着国家的重视，畜禽资源的保护法规逐渐被实施，不仅丰富了本土的生物多样性，还通过发展特色畜禽养殖增加了收入。

在畜禽遗传资源形成的过程中，凝聚了几十年、几百年甚至几千年的人类劳动，畜禽遗传资源作为一种自然资源，具有人类社会必要劳动和生态系统相结合而产生的生态价值，因此，畜禽遗传资源是生态价值和商品价值的统一体，同时这两种价值属性有着明显的区别。

首先，生态价值和商品价值的产权不同，商品价值属于劳动者或生产者，而生态价值属于公众。对畜禽遗传资源来讲，品种资源具有生态价值是公共物品，而品种内的个体则是私有物品，仅仅具有商品价值。

其次，生态价值与商品价值的市场属性不同，商品价值可以在市场上实现，而生态价值却不可以在市场上实现，这种属性没能在市场上通过价格形式表现出来直接造成了人们对畜禽遗传资源生态价值的忽略。

第三节　我国畜禽资源的社会文化价值

《中国畜禽遗传资源志》于 2011 年正式出版发行，荣获第三届中国出版政府奖图书奖，成为第一部获得该奖的畜牧类图书。云南、海南等 9 省（区、市）也先后出版发行了省级畜禽遗传资源志。各地积极宣传我国丰富多彩的地方畜禽遗传资源传统文化，建设畜禽遗传资源博物馆等文化场馆，组织举办兔肉节、赛马节、赛羊会、斗鸡等文化活动，拓展了地方品种的娱乐性、竞技性，丰富了地方畜禽遗传资源的文化内涵。

第四章　云南省特色资源

第一节　云南省地势地貌及气候特征

云南省位于东经97°31′~106°11′，北纬21°8′~29°15′，北回归线横贯云南省南部。云南省地处我国西南边陲，东部与贵州省、广西壮族自治区为邻，北部与四川省相连，西北部紧依西藏自治区，西部与缅甸接壤，南部和老挝、越南毗邻。

云南省土地总面积为39.4万km^2，占全国土地总面积的4.1%，居全国第8位。全省辖16个州市，其中有8个民族自治州、8个地级市，下辖14个市辖区、14个县级市、72个县和29个自治县，共129个县级行政单位，省会昆明市。其他主要城市有玉溪、曲靖、个旧、蒙自、大理、楚雄、文山、保山、瑞丽、普洱、临沧、昭通、景洪等。

1. 地势地貌

云南省地处我国大陆西部世界屋脊青藏高原东南缘与西南部云贵高原的结合部位，是一个低纬度、高海拔、以山地高原为主的边疆内陆省份。全省地势西北高、东南低，自西北向东南呈梯级状逐级下降，高差很大。从北到南，坡降为0.6%，平均每千米下降6 m，其中西北部最高，平均海拔在4 000 m以上。山地像张开的手指，由西北顺着地势分别向东、东南、南、西南和西等方向伸展，相对凹陷的地方由河谷和陷落盆地组成。降至边缘地带，残余高原面或破碎的低山处海拔76.4 m。最高点和最低点直线距离不到900 km，高差达6 663.6 m。

云南省地形以山地、高原为主，山地和高原面积约占全省总面积的94%（山地面积占84%，高原面积占10%），山地、高原间分布众多山间盆地（俗称坝子）。大致以金沙江—哀牢山断裂带为界，把云南省划分为东西两大地形区。东部为高原地形，属云贵高原的西部。高原内部起伏和缓，古夷平面形态特征比较典型，坝子分布广泛，面积较大，多为湖积冲积型或断陷型，坝子的四周是一些起伏和缓的丘状山地，喀斯特发育，边缘受河流切割成中山山地。西部属横断山区，高原已基本解体，主要由中高山地组成，是省内重要的山地集中地带，坝子数量少，面积不大，多为沿河谷伸展的河谷冲积坝。据研究统计，全省约有面积大于等于10 km^2的坝子206个，面积约15 340.2 km^2，约占全省土地总面积的4%。云南高原约有面积大于等于10 km^2的坝子100个，西部横断山区约有面积大于等于10 km^2的坝子106个。

云南省地貌类型复杂多样，有山地（高山、中山、低山）、高原、丘陵、盆地（坝子）、平原（河谷冲积平原）等地貌类型，独特的喀斯特地貌分布也十分广泛。滇中、滇南和滇西南地区外力以河流作用为主，在砂页岩及岩浆岩、变质岩等分布区，分别塑造出不同形态的山谷与河谷。滇东、滇东南及滇西的部分地区，石灰岩地层分布广泛，在不同外力作用下，形成不同的喀斯特地貌形态。滇西北的高山地区，地势高耸，气温较低，山顶终年积雪不化，所以虽然在岩石性质与构造体系等方面与南部无大差别，但地貌形态差异的程度较大，滇西南、滇南是流水作用形成的山地，滇西北是冰川作用和寒冻风化造成的山地。滇东一带以喀斯特地貌为主体，分别与流水地、构造地貌及重力地貌相结合。滇西北以寒冻风化、冰川地貌为主，又与流水侵蚀作用、喀斯特作用相间存在。滇西德宏傣族景颇族自治州（简称德宏州）附近，以河流作用的山地为主，并与构造地貌、大山地貌等共同组合成一个新的结合体。

2. 气候

云南省地处热带、亚热带的云贵高原地区，气候环境复杂多样。由于纬度低、海拔高等地理条件的综合影响，形成了四季温差小、干湿季分明、垂直变异显著的气候特征。云南除南热带和中热带外，其余各个气候带和高原气候区都有，分别为北温带、中温带、南温带、北亚热带、中亚热带、南亚热带和北热带7个气候带。

云南省各地年平均气温在4.7～23.7 ℃。除河谷地带和南部少数地区外，大部分地区夏无酷暑，最热月平均气温一般在19～22 ℃以下。除了少数高寒山区外，多数地区冬无严寒，最冷月平均气温多在6～8 ℃以上，年温差一般只有10～12 ℃。年平均气温分布的总体特征是：

①河谷地区气温高，高山地带气温低；

②自南向北随纬度增加和海拔的增高，年平均气温急剧下降；

③降水量多、湿润度大的地方因水分供应充足、蒸发耗热量大，因而气温明显低于同纬度的其他地方。

全省降水在季节上和地域上的分配极不均匀。干湿季节分明，湿季（雨季）为5—10月，集中了85%的降雨量，干季为11月至次年4月，降水量只占全年的15%。全省降水的地域分布差异大，最多的地方年降水量可达2 200～2 700 mm，最少的仅有584 mm，大部分地区年降水量在1 000 mm以上。全省降水量空间分布从南到北逐渐减少。降水量的地区性分布与云南高原复杂的地形山脉走向等有密切关系。一般偏南暖湿气流北上的迎风坡雨量多，背风坡雨量少；山地雨量多，坝区雨量少，河谷区雨量最少。

第二节　云南省特色资源品种

云南省地处我国西南边陲，气候类型多样，地质构造复杂，素有“动物王国”“植物王国”和“有色金属王国”的美誉。

云南省云集热带、亚热带、温带甚至寒带的植物品种，在全国约3万种高等植物中，云南省已经发现了274科、2 076属、1.7万种。主要特色植物物种有：望天树、跳舞草、丽江云杉、橡胶树、油棕、三七、马尾松、云南松、酸角树等。动物资源中有脊椎动物1 737种，占全国58.9%。其中，鸟类793种，占63.7%；兽类300种，占51.1%；淡水鱼类366种，占45.7%；爬行类143种，占37.6%；两栖类102种，占46.4%，昆虫1万多种。鱼类中有5科40属250种为云南特有。鸟兽类中有46种为国家一级保护动物，154种为国家二级保护动物。主要特色动物物种有：滇金丝猴、绿孔雀、小熊猫、蟒、亚洲象、抗浪鱼、黑颈鹤等。在全国162种自然矿产中云南有148种，其中铜矿、锡矿等有色金属矿产产量居全国前列。

第三节 云南省特色畜禽资源品种

云南省是我国畜禽遗传资源最丰富的省区之一。据20世纪80年代初的全省畜禽品种资源调查,云南省共有畜禽品种172个,其中猪32个,马(驴)17个,黄牛21个,奶牛2个,水牛14个,其他牛2个,山羊22个,绵羊15个,家禽43个,兔4个,通过分类归并,有45个品种列入《云南省畜禽品种志》。这些畜禽品种因云南省特殊的自然环境以及不发达的社会经济,长期保持着粗饲放养的管理方式,经过长期的人工选择,这些畜禽品种具有适应性好、抗病力强、肉质好、种群多样等特点,为云南省畜禽良种繁育体系建设和发展特色畜牧业提供了种质基础。从1986年以来,经各级政府及相关部门的大力支持和帮助,对云南省的大河猪、撒坝猪、滇南小耳猪、保山猪、文山高峰牛、独龙牛、龙陵黄山羊、云岭黑山羊、宁蒗黑头山羊、石林圭山山羊、凤庆无角黑山羊、版纳茶花鸡、盐津乌鸡、武定乌鸡、西畴乌鸡、腾冲雪鸡、云南麻鸭等17个地方畜禽品种开展了保护选育和开发利用工作,并已有一定的成效,使一些濒危的品种得到了保护,部分种质退化的品种经过选育后性能逐步得到提高,种群规模和数量逐年增加。

根据历次品种资源调查与审核,以及全国畜禽遗传资源保护利用规划和云南省畜禽遗传资源现状,云南省于2009年发布了第15号公告,公告了云南省第一个《云南省省级畜禽遗传资源保护名录》,有44个畜禽遗传资源列入保护名录,为全面开展畜禽遗传资源保护和管理工作提供了良好的法律保障。

为使云南省地方畜禽遗传资源保护和利用工作有序有效地进行,2011年云南省农业农村厅组织开展了对云南省列入《国家畜禽遗传资源名录》和《云南省畜禽遗传资源保护名录》的畜禽遗传资源以及云南省通过国家审定的畜禽遗传资源、品种(配套系)共70个进行调查。

第五章　云南省特色畜禽资源——猪

第一节　滇南小耳猪

滇南小耳猪是云南特有的优良地方猪种之一，至今已有2 000多年的饲养历史，属于国家二类保护品种，于2000年和2006年分别被列入《国家级畜禽品种资源保护名录》，并于2011年被评为“云南六大名猪”之一。

一、地理分布

滇南小耳猪主要生长在海拔1 300 m以下的热带、亚热带雨林地区，主产于云南省西双版纳傣族自治州，境内分布的版纳小耳猪为滇南小耳猪的主要类型。云南省的德宏傣族景颇族自治州、临沧市、普洱市、红河哈尼族彝族自治州（红河、元阳、金平、绿春、河口）、文山壮族苗族自治州（麻栗坡、西畴、马关、富宁）和玉溪市（元江、新平）等地区均有分布。因此，滇南小耳猪包括版纳小耳猪、德宏小耳猪或景颇猪、傈匕猪、勐腊猪或爱尼猪、文山猪或阿尼猪，系本地少数民族由本土野猪驯化而来的纯原生本地品种。

二、品种特征

滇南小耳猪体躯短小，耳竖立或向外横伸，背腰宽广，全身丰满，皮薄、毛稀，被毛以纯黑为主，其次为“六白”和黑白花，以及少量为棕色。滇南小耳猪按体型可分为大、中、小三种类型：大型猪体型较大，面平直，额宽，耳稍大，多向两侧平伸或直立，颈部短、厚，背腰平直，腹大而不下垂。四肢较粗壮，毛色以全黑为主，在额心、尾尖或四肢系部以下有白毛；小型猪体型短小，有“冬瓜身，骡子屁股，麂子蹄”之称，俗称“细骨猪”“冬瓜猪”或“油葫芦猪”，其头小，额平无皱纹，耳小直立而灵活，耳宽大于耳长，嘴筒稍长，颈短肥厚，下有肉垂，背腰多平直，臀部丰圆，大腿肌肉丰满，四肢短细、直立，蹄小坚实；中型猪体型外貌介于大、小型猪之间。成年大型公母猪体重分别为64.2 kg和76 kg；小型公母猪体重分别为39.6 kg和54.3 kg。乳头多为5对。如图5.1所示。

三、品种性能

滇南小耳猪的饲养以放牧散养为主，多采用“先吊架子”后集中粮食催肥的方式饲养，该品种猪早熟易肥，但性情较野，生长速度较慢，饲养期在1年左右，小型猪出栏体重为40～60 kg，是我国著名的小型猪种。若饲养条件较好，大型猪体重可达90～100 kg。

在一般营养水平下，小耳猪生长前期生长速度较慢，240～300日龄生长发育相对较快，体重增加明显，日增重约为220 g。生长强度到300日龄时趋于稳定，此时日增重最高，屠宰率约为74%，胴体瘦肉率约为35%，脂肪率约为53%，肉脂比为1∶1.13，膘厚

4.1 cm,板油占比为3.9%,胴体偏肥,属肉脂兼用型品种。随日龄增加,胴体各种脂肪增加,饲料报酬降低,增重减慢,呈现“带膘长”“边长边肥”的生长特点。因此,普遍认为300日龄、体重70 kg左右是滇南小耳猪的适宰期。

图5.1　滇南小耳猪

滇南小耳猪性成熟较早,公猪3月龄,母猪4月龄即可配种受胎。初产母猪平均产仔数为(7.7±0.17)头,产活仔数为(7.25±0.16)头,经产母猪产仔数为(10.12±0.09)头,产活仔数为(9.91±0.09)头。

四、肉质特性

滇南小耳猪具有皮薄骨细、肉质鲜嫩,口感香糯,肥而不腻等肉质特点,风味独特。其瘦肉肌纤维细腻,色泽红润,肥肉油亮而不腻,具有地道的猪肉香味。云南农业大学连林生教授研究测定了西双版纳滇南小耳猪的肉质性状,结果显示肌内脂肪含量①高达8.35%,且含有多种不饱和脂肪酸,其中人体营养需要的必需脂肪酸亚麻酸、二十碳一烯酸、二十碳二烯酸、二十碳三烯酸、二十碳四烯酸等ω-3系脂肪酸含量高达4.5%。ω-3系脂肪酸对人体有保健作用,可改善血管粥样硬化,降低血脂含量。另外,滇南小耳猪肉的胆固醇含量较低(50 mg/100 g),符合现代人对肉质低脂高质的营养需求。因此,兼具肉质风味和营养价值的滇南小耳猪深受消费者的青睐。

五、对滇南小耳猪的研究与利用

1.种质特性与遗传多样性研究

由于滇南小耳猪的体型较小,容易饲养,且许多生理生化指标与人类接近,所以在医学研究方面常被选作试验动物。如昆明医科大学孙若飞等于2012年采用滇南小耳猪建立了2型糖尿病的动物模型;2014年王鑫等将与软骨细胞分化与生长相关的两个基因*BMP*-2和$TGF\text{-}\beta_3$导入腺病毒载体,并在滇南小耳猪上成功表达;2015年,李鹏等以滇南小耳猪胰岛细胞为研究对象,探讨血小板衍生生长因子(Platelet-Derived Growth Factor, PDGF)对其胰岛细胞存活及功能的作用,为糖尿病患者的胰岛移植提供临床可能性。

---

① 除特殊说明外,均指质量分数。

为深入揭示滇南小耳猪的种质特性，促进其试验动物化选育，连林生教授等曾在1993年系统测定了滇南小耳猪的39项血液生理生化指标，并发现血清中的乳酸脱氢酶、胆碱酯酶、碱性磷酸酶、酸性磷酸酶、6-磷酸葡萄糖酶等的含量及部分血液生化值与人体接近，部分指标还较国内外已有的微型猪更接近于人类。2011年，李波等又对滇南小耳猪血液的18项生理指标和30项生化指标进行了测定，结果表明滇南小耳猪大多数血液生理生化指标与国内外其他小型猪接近，其中3～6月龄和8～12月龄的指标有4～5项处于人的正常值范围。研究结果进一步揭示了滇南小耳猪作为医学试验动物材料的种质特性。

在连林生教授研究的基础上，许多研究从细胞学、分子生物学等方面进一步揭示滇南小耳猪与其他地方猪种的遗传差异。胡文平等（1998）采用蛋白电泳技术对滇南小耳猪的32个蛋白位点的多态性进行了分析，共检出碱性磷酸酶、过氧化氢酶、酯酶、前白蛋白、6-磷酸葡萄糖酸脱氢酶和转铁蛋白6个多态位点，平均杂合度为0.071 2，反映出蛋白质水平上较丰富的遗传多样性。滇南小耳猪在DNA水平上的遗传多样性也较为丰富。来自DNA分子标记的研究结果显示，滇南小耳猪的群体平均杂合度和多态信息含量达到较高水平。

2. 优良肉质性状的研究

针对滇南小耳猪肉质鲜嫩、口感香糯、风味独特的特点，一些研究者测定了滇南小耳猪的胴体品质和肉质性状，发现其背最长肌的大理石纹评分较高，系水力较好，肌内脂肪含量高，且含有丰富的多不饱和脂肪酸。周选武等进一步测定了滇南小耳猪背最长肌中的常规营养成分、氨基酸和脂肪酸含量，结果显示肌内脂肪含量为3.54%，是肉柔软多汁、口感细嫩的物质基础；多种氨基酸丰富的含量使滇南小耳猪肉拥有较高的营养价值，也易形成独特的风味；粗脂肪、粗蛋白含量极显著高于DLY商品猪，较高的多不饱和脂肪酸含量也是造成滇南小耳猪口感独特的原因之一。

为揭示滇南小耳猪独特肉质形成的过程及其影响因素，研究者们发现育肥方式会对滇南小耳猪肌肉氨基酸的沉积造成影响。吊架子育肥和"放养+补饲"育肥可提高滇南小耳猪肌肉呈味氨基酸含量及味道强度值，尤以"放养+补饲"提高幅度更大。

为进一步探索滇南小耳猪优良肉质形成的分子遗传机理，研究者们开展了一系列相关基因多态性筛选和鉴定、相关功能基因和分子遗传标记等方面的研究，以发掘优势基因资源。王伟等对猪肌细胞生成素基因（*MyoG*）进行了测序和分析，结果显示滇南小耳猪*MyoG*基因的位点多态性对瘦肉率、背膘厚和pH有显著影响（$P<0.05$），初步推测*MyoG*基因是影响滇南小耳猪肉质性状的主效基因。研究结果为猪育种工作中提高瘦肉率等性状提供了试验依据。

第二节 撒坝猪

撒坝猪，系乌金猪的一个重要类型，也是云南省优良的地方猪种之一，具有繁殖力高、耐粗饲（能大量利用农副产物）、抗病力强、肉质好（味好鲜嫩）等优点，属肉脂兼用型品种，多年来为当地杂交改良的当家母本，为农民增收做出了极大的贡献。2006年被列为国家级畜禽遗传资源保护品种，是云南“六大名猪”之一。

一、地理分布

撒坝猪主产于滇中的楚雄彝族自治州（简称楚雄州）的禄劝、武定、楚雄、南华、禄丰、姚安、大姚、双柏、牟定、永仁、元谋县，昆明市富民县、安宁市和东川地区也有分布。以禄劝县（1983 年划归昆明市）撒营盘镇（以前称撒坝）为中心而得名。

撒坝猪在楚雄彝族自治州有悠久的养殖历史，是人们在特定的地理气候环境、饲养条件和饲养习惯下，经过长期的自然选择和人工选育而形成的一个优良地方品种。主要生长在海拔 650 ~ 3 000 m 的山区、半山区和坝区，整个养殖过程属于圈养与放牧相结合。

二、品种特征

撒坝猪按体型大小、头式、外貌特征及性成熟的早晚分大、中、小三型，其中大型称为“八卦头”，头大、耳大、腹大不下垂，身长、尾粗长、面部微凹，四肢粗壮，俗称“穿套裤”，较晚熟；小型称为“狗头”或“油葫芦”猪，嘴筒细，尾细、耳小、身短、四肢细短、被毛稀疏；中型称为“羊头”或“二虎头”，介于大、小两型之间。被毛黑毛居多，有 22.7% 的火毛，“六白”或“六白”不全占 11.4%。如图 5.2 所示。

图 5.2　撒坝猪

三、品种性能

撒坝猪具有耐寒、耐粗饲、耐潮湿、抗病力强的特性，同时具有较强的适应于不同环境的生存能力，且母猪护仔性强。

撒坝猪成年体重：大型母猪 140 kg，中型母猪 43 kg，小型母猪 36 kg。以半放牧半舍饲的方式饲养，饲养时间通常较长（需 2 ~ 4 年）。在 1.5 ~ 2.0 岁前，都是吊架子（出生至 1.0 岁前放牧饲养，1.0 岁后圈舍饲养）；到秋天粮食收获后，开始催肥，育肥期头均日增重 450 ~ 600 g；经过育肥后，一般成年猪体重达 90 ~ 150 kg 即可屠宰或出售，年均出栏率为 45% ~ 60%。

撒坝猪性成熟早，公猪初情期在 3 ~ 4 月龄，母猪 5 月龄开始发情；公猪配种年龄约 6 月龄，母猪约 7 月龄。9 ~ 10 月龄产仔，初产 4 ~ 6 头，2 胎产 8 头左右，3 胎可产 11 头，胎均产仔7～10头，年产仔1.5～2.0胎，乳头数多为5对，仔猪初生重均较轻(0.6～1.0 kg)，2月龄断奶，断奶头均重5.0～8.0 kg。

四、肉质特性

自然状态下饲养的撒坝猪皮厚油脂少，肌肉中脂肪与瘦肉嵌合均匀，口感油而不腻，香味浓厚，营养丰富，腌制肉品不易酸败。撒坝猪肉的pH为6.48±0.15，肉色评分为(3.19±0.31)分，大理石纹评分为(3.25±0.41)分，失水率为17.4%±5.77%，储存损失为1.86%±0.71%，肌内脂肪含量为6.53%±1.65%，均处于正常猪肉(pH 6～7、肉色评分3分、大理石纹评分4分、失水率30%以下、肌内脂肪含量为3%～5%)的标准。

撒坝猪屠宰率≥70%，胴体瘦肉率≥42%。生猪屠宰后，胴体肌肉呈鲜红色，脂肪清亮，肌肉和脂肪指压具有弹性，反映风味独特指标的谷氨酸含量≥2.50%，精氨酸含量≥0.70%，水分含量≤70.0%，pH在5.3～6.0，蛋白质含量≥18.0%，氨基酸总量≥15.0%。

五、撒坝猪的研究与利用

1.撒坝猪的杂种优势利用

撒坝猪为云南省地方良种，分布广、数量多，经过选育产仔11.40头，日龄195天体重达87.33 kg，杂种优势明显。同时，具有利用农家饲料能力强、肉质好等特点，是目前云南省养猪仍以千家万户为主的情况下，较为理想的杂交母本。以撒坝猪作母本的二元和三元杂，无论产仔数和肥育性能均表现出较强的杂种优势，而且肉质优良。从不同年度重复组合试验来看，杂种优势有随世代进展提高的趋势。由此建立健全繁育体系，开展杂交亲本选优提纯是养猪生产保持杂种优势高效、稳定并随生产发展不断提高的有效途径，可以充分利用云南省(猪种、饲料)资源，提高养猪生产效率，发展农村经济，同时保护猪种的遗传多样性，促进养猪产业的可持续发展。

2.撒坝猪的繁殖性能研究

撒坝猪是云南省主要的地方猪品种之一。在云南省“八五”“九五”连续两个科技攻关项目的资助下，云南农业大学鲁绍雄、连林生等对其进行了系统的选育及杂交利用研究，成功地培育出了作为杂交利用的专门化母系。新培育的撒坝猪专门化母系具有产仔多、肉质好、病少好养及利用农家非商品饲料能力强等优点，并以这一专门化母系为基础开展配套系选育。研究者们发现从第4世代以后，撒坝猪专门化母系的产仔数均保持在10头以上，明显优于云南省内的其他地方品种。此外，经选育定型的撒坝猪专门化母系生产性能及体型外貌一致，肉质优良，不含氟烷敏感基因(HAL^n)；与其他猪种杂交的杂种优势明显，是生产优质杂交肉猪的理想母本。

在猪的育种工作中，通过研究揭示不同性状间的相互关系，对于精简测定项目，开展间接选择，从而提高育种的效果和效率均具有积极的意义。为了能充分了解并合理利用撒坝猪的母本杂交优势，云南农业大学的研究者们对撒坝猪的各项繁殖性状进行了系统而深入的研究。他们通过对撒坝猪专门化母系7个繁殖性状间的相互关系进行分析，并在此基础上建立估计断奶仔数的多元回归方程,为今后的选育和利用提供了依据。研究结果显示,从各繁殖性状间的相关来看,本书所涉及的7个繁殖性状,除了总产仔数与育成率、活产仔数与育成率间为负相关外,其余性状间均呈正相关,且多数性状间的相关程度都较高。表明通过合理的育种和饲养管理措施来提高多个性状是可以兼顾的。在衡量母猪繁殖性能的诸多指标中,每窝仔猪的断奶成活数是决定母猪年生产能力的一个重要指标。前述结果表明,虽然各繁殖性状间都存在着不同程度的相关,但所建立的估计断奶仔数的多元回归方程中却只包含了活产仔数、20日龄窝重、断奶窝重和育成率4个性状,即通过测定这4个性状就可以对断奶仔数进行较为准确的估计。因此,在生产实际中,通过合理的育种措施提高母猪的活产仔数,以及通过改善饲养管理等措施提高母猪的泌乳力(20日龄窝重)和仔猪育成率,可有效地提高每窝仔猪的断奶成活数。同时,由于断奶窝重与断奶仔数间存在着较强的表型和遗传正相关,因而在断奶仔数得到有效提高的同时,断奶窝重也会得到相应的提高,这对于提高养猪生产的效益具有十分重要的意义。

3. 对撒坝猪肉质改良的研究

由纯种撒坝猪腌制的撒坝火腿,在云南省是较有知名度的火腿品牌,独具特色,且是禄劝县脱贫攻坚、发展云南高原特色农业的需要。撒坝猪通过杂交改良后,生长速度和瘦肉率显著提高,但其肉品质均有不同程度的下降,杂交后代肌肉水分含量显著增加,肌肉粗蛋白、粗脂肪和肌内脂肪含量显著降低。同时,鲜肉总氨基酸、赖氨酸和组氨酸含量降低,鲜肉脂肪酸组成的变化导致杂交后代的系水力、保水率、肉色、嫩度等指标均有不同程度的下降,尤其是大理石纹、熟肉率、滋味、多汁性和汤味显著下降。

针对纯种撒坝猪饲养数量少、生长发育慢、瘦肉率低、腿型小的问题,禄劝县科技局和农牧局在连林生教授等专家指导下开展"撒坝火腿原料猪杂交利用组合筛选试验"课题研究。通过对"杜洛克猪×撒坝猪""大约克猪×撒坝猪""长白猪×撒坝猪""长白猪×杜洛克猪×撒坝猪""大约克猪×长白猪×撒坝猪"等杂交组合试验数据的比较,认为撒坝火腿最佳杂交组合是"杜洛克猪×撒坝猪"。主要依据是"杜洛克猪×撒坝猪"大理石纹评分和肌内脂肪含量最高,剪切力最小,肌纤维最细,适宜加工火腿;加之"杜洛克猪×撒坝猪"既保留了撒坝猪抗病力强、耐粗饲、肉质细腻、味道醇香的特点,又保留了杜洛克猪腿型好、生长发育快的特点,毛色也是当地农民喜欢的黑色或棕色。经过品种改良,为当地撒坝火腿开发的产业化实施提供了关键条件。

第三节　大　河　猪

大河猪是我国西南地区肉脂兼用型的优良猪种之一,是云南乌金猪的代表性猪种,主产于曲靖市富源县的大河、营上一带,故名为大河猪。2006年被列为国家畜禽遗传资源保护品种,是"云腿"的优质原料猪种,也适宜供鲜肉、冷却肉及生产加工肉制品、开发新品种等,享有"大河猪种甲滇东"和"宣威火腿大河猪"之称。作为对"云腿"产业起重要支撑作用的地方良种,大河猪具有重要的保护和开发价值。

一、地理分布

大河猪主要分布区域为云南曲靖地区13个县,在昆明、玉溪、开远、蒙自、个旧、建水、东川以及贵州省的盘县、普安、晴隆、兴义、兴仁和广西的百色等30余个市、县也有分布。

二、品种特征

大河猪具有性成熟早、母性好、抗逆性强、耐粗饲、肉质细嫩鲜美、肌内脂肪含量高等优点,也存在着瘦肉率低、产仔低、饲料报酬低和生长缓慢等缺点。

大河猪身长骨架大,嘴短脖子粗,后腿“穿套裤”,尾短根腰粗。毛色有黑、棕(火毛)两种,肤色与毛色基本一致。头中等大小,额部有形似“八卦”的皱纹,鼻嘴粗大,嘴筒中等长短,吻端有三道箍,耳中等大而下垂;体质疏松,结构匀称,背腰微凹,四肢粗壮有力。

大河猪按体型分三种,大型:体躯长大,体质粗糙疏松,经济成熟晚;鼻嘴粗大,耳中等大而下垂;面微凹,额间皱纹呈“《》”形;体窄长,肩窄肋扁,背腰平直;腹圆微垂,但不触地;臀倾斜,后躯高于前躯,尾粗;四肢粗壮有力,后腿飞节以上有皱褶。中型:体躯稍短,经济成熟稍早于大型;额间皱纹多呈“)||(”或“]||[”形,后腿皱褶没有大型猪明显,体质较细致。小型:体小,身短,脚矮,肢细及颌面皱纹多为纵形,其他与大、中型无显著区别。如图5.3所示。

图5.3 大河猪

三、品种性能

大河猪耐粗饲,抗逆性和适应性强,在粗放饲管理下能适应高寒山区、山区、半山区及河谷地区等不同自然气候,但经济成熟晚,生长较慢,繁殖力低,乳头少。

大河猪成年公猪体重50~60 kg,母猪体重90~100 kg。母猪头胎产仔5~6头,二胎以上产仔8~9头。据2002年测定,育肥日增重为435 g,屠宰率为71%~73%,瘦肉率为45%,肌内脂肪含量在7%左右。

四、肉质特性

孙兴达等于2013年6月从大河猪保种选育核心群繁殖后代中选择体重约20 kg的仔猪去势后肥育至100 kg,选择3公3母共6头猪进行屠宰,测定了大河猪的胴体品质,并采集3~5肋背最长肌送云南省畜牧兽医研究院检测常规化学成分及广州市农业标准与检测中心测定肌肉氨基酸和脂肪酸等肉质化学成分。测定结果显示:大河猪屠宰率为(76.03±1.30)%,瘦肉率为(43.44±3.74)%,背膘厚为(5.36±0.63)cm;大理石纹评分为(1.92±0.49)分,系水力为(5.14±0.98)%,肌内脂肪含量为(5.20±1.92)%,胆固醇含量为(59.25±5.61)mg/100 g,氨基酸总量为75.96%。17种氨基酸包括7种人体必需的氨基酸,分别为苏氨酸、缬氨酸、蛋氨酸、异亮氨酸、亮氨酸、苯丙氨酸和赖氨酸,含量为30.66%;4种风味氨基酸,分别为天门冬氨酸、甘氨酸、丙氨酸和谷氨酸,含量为28.19%。共检测出14种脂肪酸,其中饱和脂肪酸(SFA)含量为42.09%,不饱和脂肪酸(UFA)含量为57.31%,不饱和脂肪酸中的单不饱和脂肪酸(MUFA)含量为51.09%,多不饱和脂肪酸(PUFA)含量为6.22%。棕榈酸(C16∶0)含量为(27.68±0.79)%,油酸(C18∶1)含量为(45.63±1.28)%,亚油酸(C18∶2)含量为(5.35±0.56)%,亚麻酸(C18∶3)含量为(0.23±0.03)%。可见,大河猪肉质营养丰富,具备优良肉品质的物质基础。

五、大河猪的研究与利用

大河猪作为“云腿”原料猪,其肉品质优良,在嫩度、多汁性和香味等方面表现优异,但同时存在胴体较肥、背膘厚、饲料转化率低等缺点。针对大河猪生产性能和肉品质方面的缺点,畜牧工作者对大河猪品种进行改良,以期在大河猪的选育过程中,既能保持其肉质风味,又能提高其繁殖性能、生长速度和瘦肉率。

1.国家级新品种的育成

1996年以来,利用大河猪与杜洛克猪为原始基因素材,经过7年6个世代持续选育成功培育出国家级猪新品种——大河乌猪。大河乌猪毛色乌黑,与原大河猪火毛色有别,肉质特优,适合腌制优质“云腿”,保留原乌金猪(大河猪)与“云腿”的关系。大河乌猪的选育是云南省“九五”重大攻关研究课题“大河猪杂交配套系选育及杂交利用”的研究结果。大河乌猪较好地保持了大河猪原有肉质细嫩味美、耐粗饲及粗放的饲养条件、适应性广的地方猪种特性。在此基础上,大幅度提高了大河乌猪繁殖力、生长速度和瘦肉率,饲料利用率大大提高,产肉性能和胴体品质较大河猪有较大的改善,肌内脂肪率高,是最适贮藏加工和腌制优质火腿的原料猪之一。2000年通过省级专家组验收,2002年国家畜禽品种审定委员会审定通过,2003年国家农业农村部254号文件公告为国家培育新品种,定名为大河乌猪。

2.大河乌猪饲养水平的研究

尤如华等研究了大河乌猪生长肥育猪蛋白质的营养需求,发现大河乌猪在30~120 kg阶段,较低蛋白质营养水平的日增重高于较高蛋白质营养水平,肉的水分含量偏大,因此采用较低蛋白质营养水平可以降低饲料成本。汤修龙等研究了不同粗纤维营养水平饲粮对大河乌猪生长肥育猪生产性能的影响,结果显示在30~120 kg体重阶段,用5%粗纤维水平的饲粮饲喂大河乌猪,其日增重最高,料重比较低;大河乌猪肥育猪瘦肉率随着饲粮粗纤维水平的逐渐提高而提高;表明在30~120 kg生长育肥阶段,用5%粗纤维营养水平的饲粮饲喂大河乌猪肥育猪,其日增重最高,饲料成本较低,瘦肉率适中。

3. 大河乌猪肉品质相关功能基因的研究

猪应激综合征候选基因(*RYR*1),又称氟烷基因,是一种已经明确的会使群体肉质下降并产生应激综合征(PSS)而导致猪只个体突发性应激死亡的位于第6号常染色体上的隐性有害基因。在现行的育种方案中,普遍强调检测育种群体中的阳性个体并予以淘汰。司徒乐愉等使用Hal-1843 PCR-RFLP DNA检测发现,大河乌猪和大河猪种群都属于应激抵抗群体,具备了抵抗应激环境的遗传基础。脂肪酸结合蛋白基因(*A-FABP*)与肌内脂肪含量存在相关性。研究者采用*Bsm*I限制性内切酶多态性测定法测定出大河乌猪具有较多的AB型杂合个体,解释了大河乌猪瘦肉率和产肉性能存在优势的分子基础。邓正德等分析了大河乌猪钙蛋白酶抑制蛋白基因(*CAST*)、脂肪细胞定向和分化因子1基因(*ADD*1)多态性及其与肉质性状的关联性,结果表明,大河乌猪*CAST*基因的AA型和*ADD*1基因的HH型为肌内脂肪含量的增效基因型;*CAST*基因BB型可能为肉色分值的增效基因型;*ADD*1基因HH型可能为大河乌猪增加失水率的基因型。这些研究可以为改良肉品质的品种选育提供分子标记,以培育符合市场需要的优良地方猪品种,从而更加合理地利用大河猪种资源。

第四节 迪庆藏猪

迪庆藏猪于1978年由云南农业大学和云南省畜牧兽医研究所联合定名,1983年作为地方优良品种被录入《云南省家畜家禽品种志》。该猪品种以耐寒、耐粗饲、抗逆性强、瘦肉多、肉质好、鬃毛粗长著称,是我国特有的猪品种之一。

一、地理分布

迪庆藏猪主要产于云南省迪庆藏族自治州(简称迪庆州)的香格里拉市、德钦县和维西傈僳族自治县(简称维西县)。在怒江傈僳族自治州(简称怒江州)的贡山县和丽江市的宁蒗县亦有分布。主产区平均海拔3 000 m以上,地势高,气候干旱(年平均气温5.4 ℃,年平均降雨量617.6 mm)。迪庆藏猪能适应高原低氧环境和恶劣的自然条件。

二、品种特征

迪庆藏猪体型小,嘴筒长、直,呈锥形,颌面窄,额部皱纹少,耳小直立,或向两侧平伸,转动灵活。体躯较短,胸较狭,背腰平直或微弓,腹线较平,后躯较前躯高,臀部倾斜。四肢结实紧凑,蹄质坚实、直立。鬃毛长而密,鬃毛一般延伸到荐部,其长度一般12~18 cm,每头猪可产鬃毛93~250 g。被毛多为黑色,部分兼有“六白”特征,少数为棕色。此外,部分初生仔猪的被毛有棕黄色纵行条纹,但随着日龄增长而逐渐消失。乳头以5对居多。如图 5.4 所示。

图 5.4　迪庆藏猪

迪庆藏猪成年公猪平均体重 42.20 kg,体长 96.50 cm,胸围 77.20 cm,体高 52.10 cm;成年母猪相应为:54.34 kg,100.13 cm,87.01 cm,53.95 cm。迪庆藏猪能适应恶劣的高原气候,饲养管理多以放牧为主,饲养管理粗放,与牛、羊混群或单群放牧,以采食蕨麻、酸酸草、野蒿、野胡萝卜、珠芽寥、野苜蓿等牧草、草籽和橡树等的落果、农作物的落谷为主。夏秋季(5—10 月份),牧地野生饲料丰富,不补或只补给少量精料(青稞面、马铃薯、麸皮);冬春季(11 月份至翌年 4 月份)牧场饲料减少,则以蕨麻和草根为主,每日补饲 2 ~3 次青粗饲料(蔓菁、野青草、马铃薯叶、荞糠)和精料,多熟食稀喂。迪庆藏猪放牧性能良好,每天放牧 10 h 左右,据测定放牧采食时间占 86%,游走和休息时间占 15%,采食率为 14.07%,全日可采食 3.71 kg 饲草。

三、品种性能

在放牧条件下,母猪一般年产仔一窝。仔猪初生重 0.4 ~0.6 kg,2 ~3 月龄时自然断乳,断乳体重 2 ~5 kg。由于饲养管理条件差、母猪性野和受野兽猛禽的侵害,哺育率较低。迪庆藏猪在终年放牧条件下,肥育猪增重缓慢。12 月龄体重为 20 ~25 kg,24 月龄体重为 35 ~40 kg。在舍饲条件下,用每千克含消化能 13.81 MJ,消化粗蛋白 166 g 的混合料不限量饲养,307 日龄体重达 53.0 kg,日增重 173 g,每千克增重耗混合料 5.24 kg。严达伟等对迪庆藏猪种质特性的研究显示,迪庆藏猪 20 ~60 kg 日增重为 318.66 g, 比滇南小耳猪低 21.34 g; 料重比为 4.86 ∶ 1,每千克增重比滇南小耳猪多耗料 0.62 kg。

迪庆藏猪屠宰率为 66.03%,背膘厚为 4.13 cm,皮厚为 0.34 cm,瘦肉率为 43.64%,脂肪率为 38.54%。由此可见,迪庆藏猪屠宰率较高,皮较薄,胴体中瘦肉较多,具有良好的胴体性能;也从另一方面说明迪庆藏猪脂肪沉积能力强,体内脂肪大量沉积,以供寒冬时消耗和适应恶劣的高寒气候。

四、肉质特性

迪庆藏猪属于典型的高原型猪种之一,肉质优良,是一种高蛋白、低脂肪的肉类食物,并且对人体健康有益的不饱和脂肪酸含量、必需脂肪酸含量均较高,比较符合现代人的消费要求,具有较高的食用价值。利用迪庆藏猪肉制作的藏民特色风味食品琵琶肉, 味道鲜美，深受人们的喜爱。

国内外大量研究结果表明肌内脂肪酸的组成与肉品质存在着极大的相关性，不饱和脂肪酸是猪肉香味的重要前体物质，而且是人体不可缺少的营养物质。据严达伟等测定，迪庆藏猪肉的 pH 为 6.57±0.15，肉色评分为（3.46±0.32）分，大理石纹评分为（3.42±0.49）分，失水率为（20.40±2.87）%，熟肉率为（65.37±3.54）%，储存损失为（0.98±0.35）%，均属于优质肉范围，与滇南小耳猪相比，迪庆藏猪的 pH、肉色、大理石纹、失水率均稍高，熟肉率稍低。农户放养迪庆藏猪肌肉中粗脂肪含量为（8.88%±3.14%），比试验场养殖迪庆藏猪高 4.17%（$P<0.01$），试验场养殖迪庆藏猪肌肉粗蛋白含量为（24.62%±1.92%），比放养迪庆藏猪高 2.33%（$P<0.05$），比试验场养殖滇南小耳猪高 5.20%。研究测定了试验场养殖及放养迪庆藏猪的 8 种脂肪酸，其饱和脂肪酸含量较低，棕榈酸和油酸是主要的多不饱和脂肪酸；棕榈稀酸、油酸、亚麻油酸和亚油酸含量均较高。由此可见，迪庆藏猪肉是一种对人体健康有益的不饱和脂肪酸和必需脂肪酸含量均较高的肉类食物，虽然饱和脂肪酸含量低于撒坝猪，但其单不饱和脂肪酸均高于撒坝猪，并不影响迪庆藏猪的肌肉品质，是一种符合现代消费需求的绿色保健肉类。

此外，不同饲养方式下的迪庆藏猪肌肉各种氨基酸含量是比较稳定的；迪庆藏猪肌肉必需氨基酸总量为 10.24 mg/100 mg，占氨基酸总量的 47.20%，呈味氨基酸总量为 7.43 mg/100 mg，占氨基酸总量的 34.33%，可见迪庆藏猪肌肉必需氨基酸含量较高，并且呈味氨基酸含量也较高，迪庆藏猪肉营养价值高，味道鲜美。

五、迪庆藏猪的研究与利用

1. 迪庆藏猪遗传多样性的研究

迪庆藏猪以其抗逆性强的生长特点和其独特的肉质特性，被作为杂交改良的猪品种之一，但由于杂交改良过程中缺乏相应的保护措施，使迪庆藏猪的群体规模不断缩小。因此，进行迪庆藏猪遗传多样性的研究可以为该品种的科学保护和合理开发提供试验依据。血液蛋白多态性是研究动物群体遗传特性行之有效的方法，它为评价、保护和开发利用珍稀种质资源提供了科学方法。李相运等检测了迪庆藏猪的 13 个血液蛋白位点，其中 Tf、Cp、Am、Hp、6PGD、CEs 和 Ca 等 7 个位点表现出多态性，并分别由 3、2.5、5、2、2、3 个等位基因支配，而 Ca^C 基因为首次发现。

颜瑛等分析了生长激素基因（*GH* 基因）在 5 个迪庆藏猪群体中的遗传多态性。他们采用 PCH-BFP 技术扩增了 5 个不同地理类群迪庆藏猪群体（工布江达藏猪、米林猪、理塘藏猪、迪庆藏猪、合作藏猪）的 *GH* 基因，用内切酶 *Apa*I 及 *Hin*6I 检测其多态性。结果表明：①从 *Apa*I 酶切产生的多态型来看除理塘藏猪之外，A 等位基因在其他 4 个藏猪群体中频率高于 B 等位基因；②从 *Hin*6I 酶切产生的多态型来看，在 5 个藏猪群体中 C4 频率较高、C1 频率极低，而 C3 除在工布江达藏猪之外的其他猪种中的频率也很高，其基因型主要表现为 C4C4、C2C4、C2C2；③用 *Hin*6I 对扩增出的 *GH* 基因片段进行酶切电泳在工布江达、迪庆、合作藏猪中发现一种转异酶切管型，初步判定 *GH* 基因在这些个体中可能为多拷贝基因。

2. 迪庆藏猪与连续海拔分布猪种血常规及血流变学指标研究

马腾等以迪庆藏猪和分布在连续海拔梯度的土著猪种（丽江、保山猪、德宏小耳猪）为研究对象，共采集228份血液样品，测量血液生理和血流变学指标共16项。结果显示藏猪红细胞数（RBC）、血红蛋白浓度（HC3）、红细胞压积（HCT）、平均红细胞血红蛋白含量（MCH）和平均红细胞血红蛋白浓度（MCHC）均极显著高于德宏小耳猪（$P<0.01$），增加了血红蛋白运氧能力，藏猪全血黏度和血浆黏度均高于低海拔德宏小耳猪（$P<0.05$），但藏猪红细胞聚集性极显著低于其他猪种（$P<0.01$），从而钝化由RBC和HGB增加带来血液黏度增加的不良影响，以适应高原低氧的环境。从4个海拔梯度看，血常规指标和血流变学指标大都呈现随海拔升高而升高的趋势，表明这两类指标与藏猪高海拔适应。

第五节　乌　金　猪

乌金猪属于动物界、脊索动物门、脊椎动物亚门、哺乳动物纲、偶蹄目，是黔西北、川西南、滇东北的彝族和其他民族养殖的一种高原牧养型猪种，具有耐粗饲、适应性强、肉质优良、肌内脂肪丰富、肌纤维细密、肉质鲜嫩等优良特性。早前乌金猪的集散地主要在云南省曲靖市的大河、营上一带，又称大河猪。乌金猪肉质鲜美，富含钙、铁、锌和脂肪酸，因作为宣威火腿的原料而闻名海内外，被誉为“高原良种，国之瑰宝”，与西班牙的伊比利亚黑猪齐名。乌金猪因生活在云贵高原，适应了高原低氧的恶劣自然环境，具有耐粗饲、抗逆性强、抗病力强、肉质好等优点。特殊的高原低氧环境对乌金猪抗逆性起着十分重要的作用。随着宣威火腿食用人群的增多和关注度的提高，对乌金猪的生长性能、肉质特征和遗传繁育等方面的研究也逐渐深入。如图5.5所示。

图5.5　乌金猪

一、地理分布

乌金猪分布于云南、贵州、四川三省接壤的乌蒙山和大、小凉山地区。产区山岭重叠，峰峦耸峙，河谷深切，群山之间有广狭不一的谷地、丘陵地。主要产区特殊的地貌和气候条件使当地具有丰富的生物资源,夏无酷暑,冬无严寒,有成片的森林和高山草场供乌金猪常年放牧饲养。这不仅为乌金猪的繁育提供了良好的生态环境,也为其肉质鲜美奠定了基础。根据研究表明,乌金猪的起源具有近万年的时间,可以追溯至旧石器时代。据昭通市相关文献记载,昭通是云贵川三省少数民族聚居地,随着一千多年来的几次少数民族大迁移,当地民猪也一起迁移,逐渐形成了乌金猪品系。从20世纪50年代开始,乌金猪的繁育和发展逐渐得到政府和科研单位的重视。1961年将乌金猪列入《国家猪种资源志》,确定为国家级猪种;2006年列入国家生物基因库保护名录;2007年国家农业农村部《特色农产品区域布局规划》把乌金猪列入我国特色农产品名录,乌蒙山区牧场列为主产区,乌金猪也获得了“中国地理标志”的称号。

二、品种特征

乌金猪适应高寒山地放牧和粗放的饲养管理,体质结实,头长,嘴筒粗而直,额部多有旋毛,耳中等大小、下垂。体躯较窄,背腰平直,后躯较前躯略高,腿臀较发达,大腿下部皮肤常有皱褶,俗称“穿套裤”,四肢粗壮,蹄质坚实,被毛多为黑色,部分为棕褐色,还有少数猪有“六白”特征。

由于产区饲养条件差,乌金猪肥育增重缓慢。成年公猪平均体重48.2 kg,体长94.6 cm,胸围83.6 cm,体高53.7 cm,成年母猪相应为69.5 kg,109.7 cm,97.0 cm,59.9 cm。母猪头胎平均产活仔数5.67头,二胎7.26头,三胎及三胎以上8.69头。

三、品种性能

乌金猪是放牧型猪种,身躯健壮,四肢有力,适应了高原低氧条件,身体的抗逆性和抗病性很强,耐粗饲。山区的农户至今仍然采用空腹放出、晚上补饲的方法饲养,有“养猪不放,难得养壮”的说法。

以放牧为主,肥育期日增重200 g左右,屠宰率为71.8%,胴体瘦肉率为46.3%,脂肪含量为34.4%,背最长肌含水量为73.4%,脂肪沉积力强,皮肤增长强度大。利用乌金母猪与长白公猪杂交,在子一代长乌猪中选出优良的公猪和母猪进行横交,将横交后代猪进行选育定型培养,最终育成“火腿系” 猪种,其杂交效果好,眼肌面积增大,瘦肉率有所提高。

乌金公猪出生35日龄左右开始有爬跨行为,农民饲养一般在3个月就可以开始初配。但研究表明最适配种时间为6月龄,使用5年为宜。一般没有专门饲养种公猪的习惯,随群放牧,任其自然配种。母猪性成熟早,3~4月龄开始发情,征候明显,5~6月龄受孕,发情周期为28天,怀孕期为110~115天,有乳头5~6对。一般初产仔数为6.5头,初生窝重4.6 kg;经产仔数为8.5头,出生窝重6.4 kg。仔猪一般在出生后60~70天断奶。

四、肉质特性

乌金猪是云南省优良的地方猪种之一,具有耐粗饲、抗逆性强、肉品质好等优点,尤其是肌内脂肪含量丰富,肉质细嫩味美。其腿部肌肉发达,适宜腌制火腿,是“宣威火腿”的原料猪。但乌金猪生长缓慢，胴体瘦肉率低，肥育后期脂肪沉积能力强，腹油比例大。曹玉德等曾经测定了云南会泽地区乌金猪的肉品质指标，结果显示其系水力为49.47%，pH为5.99，粗蛋白含量为18.8%，粗脂肪含量为6.46%。据张顺华等研究，四川地区乌金猪（凉山猪）屠宰后的肌肉pH较高，达到6.78；屠宰后45 min和冷藏24 h后的肌肉光反射值分别为41.08和45.05，肉色较鲜红；24 h滴水损失低，仅为3.30%；眼肌剪切力为3.71 kg，表现出肉质细嫩的特点；肌内脂肪含量高达4.45%，远远高于以肌内脂肪含量高而著称的杜洛克和巴克夏猪（平均肌内脂肪含量为2%～3%）。这些指标表明乌金猪猪肉有耐存储、口感惬意度和多汁性好等优点。

五、乌金猪的研究与利用

云南农业大学高士争、张曦、葛长荣等在云南省自然科学基金重点项目的资助下，为实现乌金猪的规模化饲养进行品种开发与利用，并阐明优良肉品质的形成和营养调控机理，进行了一系列系统而深入的研究。

1. 乌金猪最适营养水平的研究

长期以来乌金猪的饲养主要采用传统的饲养模式进行，对其优良的肉品质性状形成所需的适宜营养水平缺乏深入系统的研究，使其优良的肉品质性状未得到充分、科学、合理的利用。张曦、葛长荣等以大理石纹、剪切力和滴水损失作为评定肉品质的代表指标，综合考虑这三个指标最优时的日粮能量水平和蛋白质水平，采用模糊综合评定方法，确定了15～30 kg、30～60 kg和60～100 kg生长阶段乌金猪最优肉品质日粮适宜的能量、蛋白质水平。乌金猪最优肉品质日粮适宜的能量水平分别为13.10 MJ/kg、13.08 MJ/kg和13.11 MJ/kg，蛋白质水平分别为15.88%、14.13%和11.42%。与美国NRC营养标准（1998）推荐的日粮营养相比，乌金猪日粮具有较低的能量与蛋白质水平。

2. 调控乌金猪肉品质相关基因的研究

黄英等以乌金猪适宜能量与蛋白质水平研究结果为依据，配制乌金（WJ）日粮，以美国NRC（1998）推荐的主要营养需要量为依据，配制NRC日粮，研究两种日粮对乌金猪不同生长阶段脂肪组织脂类分解代谢相关基因表达的影响。其研究结果显示，WJ日粮能促进乌金猪肌肉组织中激素敏感脂酶（*HSL*）、脂蛋白脂酶（*LPL*）和肉碱脂酰转移酶1（*CPT*-1）基因mRNA相对表达量，同时促进了过氧化物酶体增殖物激活受体γ（*PPARγ*）基因的表达，表明WJ日粮通过上调脂肪分解代谢相关基因的表达促进了脂肪组织中脂肪的分解，减少了脂肪沉积。李永能等研究了日粮不同能量水平对乌金猪肌内脂肪沉积相关基因表达的影响。研究结果表明，高能量日粮显著上调不同生长阶段乌金猪背最长肌中Leptin受体（LEPR）和黑色素皮质素受体（*MC4R*）基因的表达，且高能量日粮肌内脂肪含量最高，说明高能量日粮可能通过上调*LEPR*和*MC4R*基因表达，增加能量代谢，从而促进背最长肌中肌内脂肪的沉积。

3. 品种与营养差异对猪肉品质的调控及其机制研究

王静通过考察两种不同营养水平对乌金猪和长白猪肌内脂肪含量和肌纤维类型及其相关功能基因表达、内分泌激素和血液理化指标的影响，旨在从品种和营养的互作方面揭示猪肉品质差异的规律及其可能机制。其研究结果表明,乌金猪比长白猪生长慢、瘦肉产量少与血液胰岛素和胰岛素样生长因子1(IGF-1)水平较低有关;乌金猪皮下脂肪沉积量高于长白猪,是由于脂肪的合成增加而分解减少;肌内脂肪含量高于长白猪是由于脂肪的合成超过了脂肪的分解;肌内脂肪沉积增加与氧化型肌纤维比例增多有关,且使肉品嫩度明显改善。猪肉品质差异及其营养调控的机制与LEPR介导下的肌内与皮下脂肪代谢相关功能基因表达差异和肌纤维类型组成有关。

4. 其他相关基因研究进展

人或动物在高原生存数万年,从而产生了具有遗传学效应的对高原低氧环境适应的能力。高海拔低氧是高原猪种生存与种属繁衍的重要生态环境,高原本地猪种与培育猪种相比,其贮脂能力强,肌肉中亚油酸、亚麻油酸和花生油酸含量高,肉质好,耐粗饲,抗病力和抗氧化能力更强,但生长速度缓慢、繁殖率低。王雪莲和江炎庭等研究表明,哺乳动物适应高原低氧环境的重要基因有缺氧诱导因子1(HIF-1)、血管内皮生长因子(VEGF)和促红细胞生成素(EPO)等。参与组织细胞的缺氧反应和缺氧适应性反应是HIF-1发挥的核心作用。李美荃等分别检测60日龄的乌金猪和约大乌猪12个组织中的*HIF*-1、*VEGF*和*EPO*基因的表达,乌金猪和约大乌猪在低氧适应表征参数上存在显著差异,乌金猪明显高于约大乌猪,检测的组织样品中,低氧适应性基因存在组织表达差异。乌金猪体内*GRX*1和*TRX*1基因的表达受到适量的L-组氨酸的调节。王铭洋等研究表明高原低氧环境会使高原鼢鼠*p*53基因和蛋白的表达下降。开展对乌金猪及其他高原动物低氧适应性的研究,不仅可以为低氧适应性、高原疾病等研究提供生理和分子基础资料,为快速、准确选育既高产又耐低氧的优良畜禽品种寻找低氧分子标记,同时对高原家养动物特色基因的保存和利用及高原畜牧业的发展也具有重要意义。

第六节　保　山　猪

保山猪曾用名为保山大耳猪,为肉脂兼用型的地方优良品种,已载入《中国畜禽品种志》,2010年载入《国家畜禽遗传资源志》,顺利实施、完成农业农村部“保山猪种质资源保护项目”并通过验收。保山猪具有肉质细嫩、香味浓郁、产仔多、母性好、适应性强、耐粗饲、抗病力强等优良特性。2011年,保山猪被评为云南六大名猪之一。如图5.6所示。

一、地理分布

保山猪主要分布于云南省保山市隆阳、施甸、昌宁、腾冲、龙陵等地,德宏州梁河、瑞丽、盈江、潞西等县(市)也有少量分布,产区海拔750~2 600 m,气候温和,雨量充沛,年平均气温15.5 ℃,年平均降雨量961 mm。产区农作物有水稻、玉米、小麦、蚕豆、大麦、甘薯等。保山猪是云南省西南地区影响较大、品系保存较完备的地方猪种,是发展优质猪肉生产的优良种质资源。

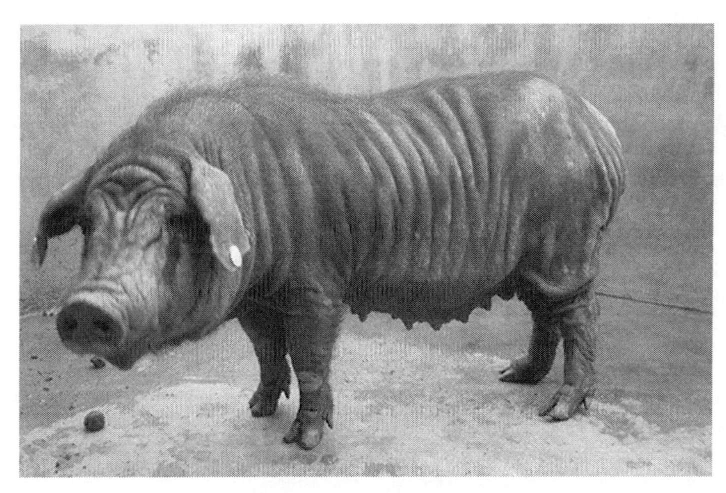

图5.6　保山猪

二、品种特征

保山猪属西南型猪种。保山猪头大，额宽，额部多有旋毛和八卦形皱纹，嘴筒粗长，耳大、略下垂，背腰直、间有微凹，腹略下垂，十字部宽，臀部欠丰满，四肢高而粗壮，腿部皮肤多皱褶，蹄质坚实，乳头5～6对，被毛呈黑色，也有的兼有“六白”或“六白”不全及棕红色。

三、品种性能

保山猪适应性强，抗病力强，耐粗饲，体形较大，前躯较后躯发达，四肢健壮有力，产仔性能高，性成熟早，配种受胎率高，母猪利用年限长，与外来品种杂交优势明显。

保山猪的饲养管理以放牧为主，育肥猪在催肥期、母猪在临产前后10～15天才在圈内饲养，其余时间均在外放牧，晚上补饲1次青粗饲料，有时在放牧过程中撒喂一些玉米、蚕豆等籽粒饲料。坝区养猪以舍饲为主，饲养管理比较细致，一般每天饲喂2次，农作物收获后将猪放入田地里找食散落的籽粒、落穗。

据连林生报道，保山猪的繁殖性能较好，产仔数仅次于撒坝猪，为10.34头，42日龄断奶窝重60.15 kg，70日龄窝仔数8.56头，70日龄窝重114.91 kg。

2005年11月保山市种猪场选择年龄1.8～2.4岁育肥后的保山猪12头（公母各6头）进行屠宰测定，宰前体重为98.75 kg，胴体重为73.34 kg，屠宰率为74.28%，瘦肉率为43.65%，背膘厚为4.5 cm，眼肌面积为25.77 cm^2。

四、肉质特性

保山猪肉质细嫩，风味口感好，较适合腌制优质火腿。据连林生报道，保山猪背最长肌肌内脂肪含量为4.58%，pH为6.18，大理石纹评分为3分，滴水损失为1.43%，均低于滇南小耳猪、撒坝猪和大河猪；但肉色评分最高，为3.33分。

五、保山猪的研究与利用

1. 保山猪的保种与利用

纯种保山猪所具优良特性,既适用于生产高端、优质、特色鲜肉产品,也适用于发展有品牌优势的肉类深加工产品,如火腿、香肠、骨头鲊等,是发展高端特色餐饮业及旅游消费品的优质原料。与外来品种杂交组合,杂种优势明显,既适合发展特色优质鲜肉,更适合开发腌肉、火腿等特色加工产品,具有较好的保护与开发利用价值。为保护和开发利用保山猪这一优良地方猪种,1997 年由原云南省计划委员会立项,保山市实施了保山猪保种选育开发项目,投资 200 万元建设了保山猪母本核心群场,种群资源得到了巩固和加强。1999 年保山猪选育及开发利用纳入"十五"云南省科技攻关计划,经过近 5 年的科技攻关,培育出 9 个家系,保山猪品质得到极大提升。

1999 年,保山市种猪场在开展保山猪保种选育的同时,进行了保山猪杂交利用研究,分别与杜洛克、长白、大约克等种猪进行杂交,生产杜保、长保、约保二元杂交母猪供给农户饲养,公猪及淘汰母猪通过育肥作为商品猪出售,使保山市养猪生产实现了"公猪外来化、母猪本土化、商品猪杂种化"的态势。保山猪作为母本产生的杂交后代具有显著的杂种优势,深受广大养殖场(户)青睐,产品已销往德宏、临沧、大理、怒江、楚雄、玉溪、普洱等临近州(市) 及缅甸北部地区。通过多年的努力,保山猪已名列云南省地方优良猪种,成为重点保护和开发利用的种质资源。

保山猪自 2001 年经杂交组合试验筛选出最佳杂交组合,已在生产中利用多年,表明杂优猪除能充分利用农家饲料资源外,繁殖、生长肥育和胴体性能都能达到较高水平,且能保留地方猪种的优良肉质特性,奠定了发展云南特色养猪的基础。

在生产中推广应用并在较大范围取得较好成效的杂交体系有:大约克×杜洛克×大河猪(约杜大,YDH),大约克×长白×撒坝猪(约长撒,MS),大约克×杜洛克×保山猪(约杜保,YDB)以及杜洛克×长白×滇南小耳猪(杜长小,DLX)。

2. 保山猪遗传多样性的研究

为了解云南保山猪的遗传多样性及其遗传背景,开兴等测定 19 个个体线粒体 DNA D-loop 高变区Ⅰ 15 363 ~ 15 801 片段序列 438 bp,检测到 10 种单倍型,包括 8 个多态位点,其中 5 次 T/C 转换、1 次 G/A 转换、1 次 G/C 颠换和 1 次 M/T 颠换,其 A、T、G、C 碱基的平均含量分别为 35.4%、26.9%、13.2%和 24.5%。A+T 含量(62.3%)明显高于 G+C 含量(37.7%)。结果说明保山猪线粒体 DNA D-loop 部分序列与其他猪种具有高度同源性,是分析亲缘关系较近的群体间的遗传分化的理想分子标记之一。此项研究为保山猪的保种及其在云南乃至我国地方猪种中的遗传分化地位的确认奠定了分子基础。

第七节　明光小耳猪

明光小耳猪又名高黎贡山猪,是云南保山市腾冲的特产高原小型猪种,主产于云南省腾冲县北部乡镇,因以明光乡为主要产区而得名。明光小耳猪曾于 1980 年列入《云南省家畜家禽品种志》,1986 年被列入国家畜禽遗传资源名录,属腌肉型品种。2009 年云南省农业农村厅第 15 号公告中将明光小耳猪列为云南省省级畜禽遗传资源保护品种,此外,明光小耳猪还先后被列入《国家畜禽品种遗传资源保护名录》和《中国地方猪遗传资源保护名录》。如图 5.7 所示。

图 5.7 明光小耳猪

一、地理分布

明光小耳猪主产于云南省腾冲县的明光、瑞滇、固东、固永等地,主要以腾冲北部明光乡、曲石乡、界头乡、滇滩镇和猴桥镇为中心产区,此外还分布于傈僳族集居的部分山区以及中缅边境交通闭塞地区,主要分布在海拔 1 000 ~ 3 000 m 的高寒山区。产区位于北纬 25°以北,海拔 1 500 ~ 2 000 m ,年平均气温 12 ℃,年平均降雨量 2 000 mm。产区草山、草坡、林地较多,野生饲料比较丰富,以禾本科、豆科为主。农作物有玉米、水稻、小麦、蚕豆、荞麦、马铃薯等。饲养管理以放牧饲养为主,除哺乳母猪、哺乳仔猪和催肥阶段的肉猪外,其余猪均由专人集中各家各户的猪进行放牧,每天放牧 6 ~ 8 h,一般在田间、溪沟、荒地、山坡和竹林等地放牧。

明光小耳猪的形成年代不详,20 世纪 80 年代以前是腾冲山区农民的当家畜种。由于产区气候寒冷、地广人稀、生活条件艰苦,当地傈僳族和汉族山民选留了行动灵活、抗逆性强、适于山林觅食的个体。在自然放牧过程中,公猪与母猪长期小群自由交配,也有母猪与野猪杂交的情况。所产仔猪在野外经自然选择,保留了生命力较强、耐粗饲的群体,逐步培育形成该品种。

二、品种特征

明光小耳猪属华南高原过渡型猪种,其外貌特征为体型短小丰满,头短小,嘴尖,面平,额宽,眼睛灵活,耳小直立,颈粗短,背腰平直,胸深腹圆,四肢细短有力,蹄质坚实,尾短细;被毛稀短有光泽,多呈黑色,部分有“六白”或不完全“六白”特征;乳头 4 ~6 对。

三、品种性能

明光小耳猪体型小，体质结实，适应性较强，是当地居民在高海拔、寒冷的生存条件下选择的地方猪种，具有抗逆性强、耐粗饲、适应高寒放牧的特点。主要缺点是生长缓慢、饲料报酬低。

明光小耳猪成年公猪体重为40.2 kg，母猪体重为50 kg。4月龄可以开始配种，3月龄就有爬跨反射，持续期2～5天，发情周期19～22天，妊娠期112～116天。经产母猪平均窝产仔数为7～8头，仔猪育成率为92%。肥育期日增重为450 g，屠宰率为69.4%，膘厚为4.5 cm。

因明光小耳猪属脂肪型猪种，一般不主张养成大肥猪，以6月龄以上、体重达20～60 kg屠宰为宜，超过60 kg则肉质脂肪含量高。

四、肉质特性

明光小耳猪是当地居民在高海拔、寒冷的生存条件下选择的地方猪种，具有抗逆性强、耐粗饲、适应高寒放牧的特点，从亚热带到寒带一系列气候条件下均有较好的适应性。明光小耳猪肉质鲜美、皮薄骨细、肉汤香浓，肌肉中不饱和脂肪酸含量高达67.7%（经屠宰测定超过其他地方猪种，甚至高于野猪种），抗病性强，是开发优质保健肉、无公害肉的较好原料。

据连林生测定，明光小耳猪背最长肌宰后45 min pH为6.47，肉色评分为3.46，大理石纹评分为3.30，滴水损失为2.92%。背最长肌的非饱和脂肪酸含量高达67.47%，其中亚油酸和亚麻油酸总含量为19.34%，高于保山猪的10.04%、版纳半血野猪的9.16%和其他品种猪的11.61%。

五、明光小耳猪的研究与利用

1.种质资源现状及开发方向

明光小耳猪养殖现状是存栏量减少。据统计资料，1980年腾冲县明光小耳猪发展至3万余头，约占全县存栏量的15%，由于该猪种个体小、生长缓慢、产肉率低，20世纪80—90年代中期随着我国经济的发展和人民生活水平的提高，对肉类特别是猪肉的需求量增大，养殖户为了满足市场对瘦肉的需求和获得更大的经济效益，开始引入杜洛克、长白猪等瘦肉型生长周期短的猪种替代明光小耳猪，到2013年底存栏量仅7 000头，明光小耳猪正面临着养殖规模日趋减少的困境。

近年来为提高猪肉瘦肉率，获取更大的经济效益，许多养殖户用外来品种与明光小耳猪进行杂交或直接采用外来品种生产野外三元杂交瘦肉型商品猪，在这一趋势下，明光小耳猪的养殖数量大幅减少，优良基因不断流失，保种纯繁基地不断萎缩并且由于养殖过程中杂交和近交较多，致使部分优良性状退化，若不采取措施系统地加以保护，明光小耳猪的许多优良性状将会改变，优良基因也将会流失。

目前明光小耳猪养殖模式一般以高寒山区少数民族集聚地散养为主，养殖户大多数靠近住房建1或2间猪舍，饲养少数几头母猪或育肥猪，主要利用农副产品喂猪，或者散放在山林内让其自由觅食，养猪仅为业余劳动，产出率较低，同时没有规范的免疫制度，一旦发生疫情容易大范围传播，造成较大损失。

明光小耳猪肉质鲜美，不饱和脂肪酸含量高，可作为开发优质保健肉的良好素材。但是，明光小耳猪生长缓慢、饲料报酬低，当地居民除满足基本温饱的口粮外，没有多余的粮食作饲料，所以常养至 3 ~4 月龄、体重达 15 kg 左右就出售或宰杀。如果能采用“公司+基地+农户”的养殖方式，农户将猪养至 3 月龄后由商家收购，快速催肥 1 个月，待背膘厚达 2 cm 左右时宰杀，制成烤猪，不仅可以满足商家的需求，也能增加农民的收入。

2. 遗传多样性的研究

霍金龙等采用分布在家猪 19 对染色体上的 76 个微卫星标记对该猪种 65 个样品进行群体遗传变异分析。试验共检测到 343 个等位基因，每个位点的等位基因数为 2 ~9，有效等位基因数在 1.223 9 ~4.807 9 之间，平均每个位点等位基因数为(4.513 2±1.205 5)个，有效等位基因数为(3.216 9 ±0.773 6) 个，群体平均表观杂合度、期望杂合度及平均多态信息含量分别为 0.944 2±0.159 5、0.668 5±0.094 5 和 0.610 3±0.108 3。等位基因多样性、群体平均杂合度和平均多态信息含量分析的结果均揭示明光小耳猪群体的遗传变异丰富。

3. 生态养殖技术探索

2015 年，腾冲每天可供应市场的烤小耳猪数为 20 余头，主要集中在高消费群体，每头烤猪价格达 1 500 元。若通过提高养殖水平，增大仔猪供应量，加大市场开发与科研投入力度，让更多的消费者认识保健、生态、安全的明光小耳猪，那么其市场前景将更加广阔。因此，李世龙等探索了明光小耳猪的生态养殖技术，从场址选择、规模养殖场建设规范、饲料配制、饲养管理、粪污处理、屠宰时间等方面探索出山地放牧型、安全生态型、节粮型、环保型的明光小耳猪生态养殖模式，为云南省高原特色畜牧业发展提供建设性参考。

第八节　云南省地方猪品种的保护与利用

一、加强资源保护，建立保种场

保种与开发利用互相促进，保种的目的在于开发利用。

保山猪有耐粗饲、适应性强、抗病力强、饲料利用力强、肉香质优、与外地优良品种猪杂交优势明显等优点，是一座宝贵的基因库。撒坝小型猪种成熟早、饲养周期短、耐粗饲、节省饲料、屠宰率高（达 70%）、50 kg 左右即可出栏，当地农村称之为“油葫芦猪”，可向宠物猪方向选育。在撒坝猪中有 20%左右的火（红）毛猪肉嫩味香、油多，人们常用其肉配伍其他中草药用于强身健体、防病治病等，可作为一个品系进行重点选育。

明光小耳猪保种是一项系统工作，为了能更好地保种，同时又能更合理地开发利用，满足明光小耳猪保种选育的发展需要，亟须改变现有的保种模式，建立大规模的明光小耳猪核心群，同时设立明光小耳猪保种区。自然村建立了保护区，同时还可以建设明光小耳猪生产原种场、扩繁场和育肥基地，这样不但能保证明光小耳猪的纯度，提高出栏率、商品率，还能提高保种场经济效益。

二、探索适宜的科学养殖模式,满足市场需求

首先,抓好种源基地建设、产品加工和营销网络建设,以种源基地建设保障生产,以市场开发拉动产业发展。撒坝猪要求的饲养水平非常低,且其病少易养,小规模的猪群饲养能将农村农副产品及泔水得以充分利用 ,且猪群随牛、羊群放牧觅食能力强。大姚县农户一般用厩舍饲养猪群,厩舍以垛木厩为主,猪的吃、喝、拉、睡都在厩内,半年或 1 年清除 1 次圈肥,圈肥可作为农家肥用于农作物和经济果林的种植。农户一般将野杂草加少量的蚕豆糠、荞糠、玉米面等煮熟后饲喂猪群。

其次,研制产业化生产的相关技术标准,规范生产过程,保证产品品质。以生猪养殖专业合作社的方式实行开放式保种,增加群体数量,降低保种风险和保种成本。以保山猪通过农产品地理标志认证为契机,确立保山猪发展的技术路线,建立保山猪新品系推广利用示范区,建设规模化、标准化优质商品猪生产基地。积极招商引资,引进有实力的企业依托保山猪遗传资源优势,开发、利用保山猪,着力打造保山猪特色品牌,满足消费者对优质特色猪肉的需求。

再次,加强引导,政府应从资金上给予支持,业务部门要加大科技投入,提高服务质量,实施品牌策略,尽快制定并完善明光小耳猪的地方品种标准与养殖标准,保证明光小耳猪产业化、规模化发展。

最后,要尽快整合资源,做好无公害有机食品基地认证,按标准生产,形成品牌效应。采取企业运作,选择年轻、有文化、有经济实力的养殖户,成立明光小耳猪专业合作社,采用“公司+基地+农户”的模式,公司做好保种工作的同时,为农户提供优质纯种仔猪,农户按公司制定的饲养标准进行养殖,从而提高明光小耳猪品质和出栏量,最后公司按保护价回收商品猪进行销售,不仅能使更多的消费者品尝到味美价廉的明光小耳猪,还可增加企业和农户的收入,达到三赢的目的,为明光小耳猪的发展提供保障。

三、深入开展种质特性研究,为科学保种和开发利用提供依据和技术支撑

充分利用现代化生物技术,结合本地猪特点,深入开展其肉质、抗逆、耐粗饲等特色优异性状的分子遗传机理研究,发掘优势基因资源,促进种质资源保护和选育利用。

作为我国优良的地方猪品种之一的乌金猪,是制作优质宣威火腿的必需原料,其肉质独特,享誉中外,加大对其的开发利用是关键。加大对乌金猪的高原低氧适应性研究可以提高乌金猪的抗逆性。乌金猪虽然具备耐粗饲的特性, 抗病性和抗氧化性也强,但是乌金猪生长缓慢, 繁殖力低, 制约了其发展。研究乌金猪肉质品质的相关基因可为解决乌金猪的繁育工作指明方向。乌金猪的研究对地方优良畜禽品种的保护选育和对高原特色农业的发展具有重要意义。

依托科研院所,采取长期保存精液、胚胎等遗传材料的先进技术,降低保种成本。继续与有关科研单位合作,通过科学选育,进一步提高保山猪生产繁殖性能,扩大保山猪的保种选育群体。保种场在不使保山猪遗传结构遭到破坏的前提下,应积极开展相应的杂交利用,培育新保山猪品种,新保山猪在保留原有优势的同时,又能迅速生长,提高饲料报酬,获得较好的经济效益。

第六章　云南省特色畜禽资源——牛

第一节　独龙牛(大额牛)

独龙牛学名大额牛,是我国半野生半家养的珍惜地方特色良种牛,全世界只在云南省怒江地区及缅甸与云南接壤的部分地区自然分布。在我国,独龙牛为绝无仅有的珍稀牛种,分布于云南南部贡山县独龙江地区和西藏南部(大额牛亚种)。1980 年仅存 15 头,1986 年达 91 头,1990 年达 300 头,1995 年达 445 头,已列入农业农村部公布的《国家级畜禽品种资源保护名录》和《FAO 濒危农畜遗传资源品种名录》。1980 年以来在云南省畜牧总站的大力扶持下,加强了对独龙牛的保护和研究工作,并下发专项保种经费予以发展,向福贡县珠明林、泸水县凤凰山地带纵深发展。通过二十几年的引种饲养,独龙牛这一稀有珍贵牛种逐步得到了发展。如图 6.1 所示。

图 6.1　独龙牛

一、地理分布

独龙牛,仅分布于云南省西北部贡山县独龙江流域和西藏南部以及印度的阿萨姆邦,东孟加拉及缅甸北部的克钦邦。独龙牛栖息于热带、亚热带原始阔叶林中,以及林缘灌丛、草地、疏林下,常远离有人居住的地方,以各种草、树叶、嫩枝、树皮、竹叶、竹笋等为食,也常舔食盐碱,具有嗜盐习性。独龙牛喜群居,通常每群 10 ~ 30 头,由犊牛、青年牛和成年牛组成,其中以体型最大的公牛为首领。

二、品种特征

独龙牛外貌与印度野牛极相似，但额部相对较宽平，两角间额顶高较宽，这就是“大额牛”名称的由来。

独龙牛体毛呈黑或深褐色，四肢下段为白色，体躯高大，肌肉沿肩部隆起至背中央，丰满厚实，角向两侧平伸后略向上弯，四肢短健，蹄小而结实。额部灰白色不著，多呈沙棕色；肩部略微隆起，背脊稍凸，故站立时肩部略高于胃部；体毛短稀，呈油亮褐色，唇、鼻的灰白色浅淡；无明显的暗褐脊纹，颈下有被粗长毛覆盖的肉垂；尾相对短粗，肩部被毛较蓬松；四肢短健，肘、膝以下呈污黄白色。

独龙牛主要晨昏活动，也有在夜间活动的。夏季在海拔高的山上活动，冬季则逐渐下移。喜群居，通常每群10～30头，以雌性牛、幼仔和亚成体组成，其中体形较大的雌性牛为首领。成年雄性牛在一年的大部分时间里独自栖息，在交配期间才和雌性牛接触。成年的自然天敌只有孟加拉虎。嗅觉和听觉极为灵敏，性情凶猛，遇见敌害时毫不畏惧，发现有人接近会迅速逃走。

三、品种性能

独龙牛体型较印度野牛小，成体体重650～1 000 kg，体长2.5～3.3 m，尾长0.7～1.05 m，肩高1.65～2.2 m。雌雄均具粗扁并向两侧平伸的中长锐角。

云南境内的独龙牛多数处于半野生状态，有极强的攀爬能力，为觅食每天行走山路20～30 km。

有牙齿32枚，其中门齿8枚，上下臼齿24枚，无犬齿。上颚无门齿，只有齿垫。胃分瘤胃、网胃、瓣胃和皱胃4室，以瘤胃最大，反刍。蹄分两半。

独龙牛性成熟较晚，4岁以后才有生育能力。印度东北部大额牛第一次发情在429.8～766.6天，发情周期为19～24.8天。根据原产地饲养户的观察，妊娠期为290天。国外Ciasuddin等报道的独龙牛第一次妊娠年龄为553.1～892.9天，妊娠期为292.2～300天。

四、肉质特性

独龙牛肉的系水力、嫩度和多汁性明显高于其他牛，肌内脂肪含量（0.36%）明显低于其他牛（1.24%～2.36%），蛋白质含量高达19.56%。其肉质鲜嫩可口，营养丰富，含人体所需的多种氨基酸，深受消费者的喜爱。

独龙牛的肌纤维细胞密度明显高于家养的牛，肌纤维直径小，肌肉细胞长，间隔比例低，屠宰一头1 000 kg的公牛牛油不足1 kg，肉质非常细嫩，是上等的牛肉食品，不仅鲜嫩，而且蛋白质含量高，膻味小。独龙牛的牛肉可以生吃，是纯有机食品，又因为数量非常稀少，全国不到3 000头，所以更加稀有和珍贵，牛肉价格也自然不菲，在云南当地价格在400元/kg左右。

五、独龙牛的研究与利用

独龙牛不仅生存能力强，适应性广，而且具有生长速度快、肌纤维细、嫩度好的特点，一方面可以用于生产牛肉，以其独特的口味、野性等特点作为新卖点，成为怒江等山区的一大产业；另一方面，可以利用独龙牛与肉牛杂交提高牛肉品质。

泸水县农业农村局测定结果表明：成年公牛体重为579.43 kg，屠宰率为65.9%，净肉率为57.8%，眼肌面积为73 cm^2；1.5岁公牛的体重为242.94 kg，屠宰率为50.5%，净肉率为41.5%，眼肌面积为63.2 cm^2。独龙牛在放牧条件下具有良好的产肉性能。

从分子生物学水平对独龙牛的瘤胃纤维素酶基因资源进行筛选及酶学特性研究，提取独龙牛瘤胃微生物中的大片段基因组DNA，构建瘤胃微生物基因组文库，并进行纤维素酶活性筛选，筛选获得的高活性基因经测序后进行生物信息学分析与酶学性质研究。结果表明，从构建的独龙牛瘤胃微生物基因文库中筛选获得2株具有较高活力的纤维素酶（B1和B2），其中B1为β-1，4-内切葡聚糖酶，而B2为新的纤维糊精酶，可为纤维素的体外降解提供新型材料。

第二节　德宏水牛

德宏水牛是我国地方水牛的特色品种之一，属肉役兼用型水牛。德宏水牛属中型沼泽型水牛，遗传性能稳定，具有繁殖力强、性情温顺、耐粗放饲养、饲料利用率高、抗病力强、役用能力强、奶质营养价值高、屠宰率高、肉品质好，但后躯肌肉不够丰满，斜尻，部分水牛后肢有前踏现象等生物学特点。2006年被列为《国家畜禽遗传资源保护名录》。如图6.2所示。

一、地理分布

德宏水牛主要分布在德宏傣族景颇族自治州、临沧地区、保山地区各市县，其中德宏傣族景颇族自治州的潞西、陇川、盈江和临沧地区的耿马、镇康为主要产区，清代《大理志》中记载了由保山、腾冲、德宏一带引德宏水牛到大理地区作耕牛的史实，可见德宏水牛在当地饲养已有一千多年的历史。

德宏地区自然条件优越，大部分农区以种植水稻、玉米、甘蔗为主，农副产品丰盛，养牛粗放，多为定居放牧，习惯于单牛犁田，群众对种群比较重视，选种时，要求公牛要有雄相，脖子粗短，前肢高，嘴大，蹄圆、大，四肢姿势正，肢间开阔，肌肉丰满，这种牛力气大；母牛主要看中躯，只有培育出体大力壮的牛才能适应农业生产需要。随着生产力的不断发展，耕牛饲养管理也有了改进，采用放牧舍饲相结合，以放牧为主，运动充足，促进了体躯的发育，前胸开阔，四肢粗壮。德宏水牛就是在这样优越的自然条件、饲养管理条件及人为的选择和培育下形成的。

二、品种特征

德宏水牛具有体型大、骨骼粗壮、结实、繁殖力较强、耐湿热、耐粗饲、性情温顺、抗病

图6.2 德宏水牛

力强、役用能力较强、早期生长发育快、产肉性能良好等优良特性,是产区内的优势畜种。其被毛稀疏,下巴生有长毛,身上有旋涡,位置不定,常出现于头部、肩胛部和肋部,被毛有黑色、瓦灰和白色3种,群众称前2种为黑牛,数量较多,第3种称红牛。黑色毛:全身毛色一致;瓦灰色(又称石板青)毛:除四肢下部白色,腹下颜色较浅外,其余部分颜色一致,与肤色相同,毛尖呈灰棕色;白色毛:被毛呈白色或淡黄色,肤粉红色。

成年牛头中等长(母牛稍长),额宽,头型分直头和兔头两种,眼大有神,耳内生长白色长毛,角呈半月形(又名镰刀形、星月形)向后、内、上方弯曲,角稍有平行、上翅和下垂3种,角色为深灰色,有的尖部色浅。公牛颈短粗,母牛细长,在喉部正下方和胸前方有颈纹和胸纹,颜色为白色或浅灰色,呈月弯形白色环带。前躯发达,颈肩结合、肩背结合良好,胸宽、深无胸垂。背腰长短适中,肋圆拱,背腰平直,腰荐结合稍差,腹大不下垂。后躯肌肉不够丰满,尻中等长,斜尻、尾根粗大,着生处高,尾尖直达飞节。母牛乳房小,着生处偏后,乳静脉不明显。前肢开阔,干燥,姿势正,蹄圆大、坚实,后肢个别有前踏姿势。

三、品种性能

1. 体尺和体重

据2014年种质资源调查,德宏水牛初生重平均为23 kg(18 ~38 kg)。成年公牛平均体重577.2 kg、体高124.7 cm、十字部高122 cm、坐骨高107.9 cm、体长139.6 cm、胸围183.2 cm、腹围210.4 cm、胸深67.6 cm、胸宽39.2 cm、管围21.9 cm;成年母牛平均体重

577.2 kg、体高 8 cm、十字部高 118.1 cm、坐骨高 102.1 cm、体长 139.3 cm、胸围 188.7 cm、腹围 219.5 cm、胸深 67.8 cm、胸宽 37.8 cm、管围 21.1 cm。

2. 繁殖性能

德宏水牛性成熟比较早,公牛平均 1.5 岁,母牛平均 2.5 岁,3 岁开始初配,配种能力最高在 5 ~8 岁,1 头母牛平均终身产犊 8 头(最高可达 12 头),一般 15 岁以后停止产犊(个别可达 20 岁),常年发情,当年 10 月至次年 3 月发情明显,发情周期坝区平均 22 天(20 ~35 天),山区平均 30 天,发情持续期平均 3 天,妊娠期平均 315 天,1 年产 1 胎,1 胎 1 头,偶尔 2 头,以 3 年产 2 胎较多见,产后发情时间约 36 天。

3. 生产性能

(1)产肉能力。

德宏水牛总体产肉能力良好,活重 500 kg,屠宰率为 46%,净肉率为37.7%;活重超过 600 kg,屠宰率为 50%,净肉率为 40.5%,结缔组织及脂肪组织较少。

(2)役用能力。

随着农业机械化的推广,坝区几乎不再役用水牛,只有山区少数农区约 4 350 头水牛还作为役用。德宏水牛 2.5 ~3 岁开始调教,3.5 岁开始使役到 10 岁左右,一般每天可耕作 4 ~5 h,农忙时可耕作 6 h 以上。

四、德宏水牛的研究与利用

德宏州党委、政府确定开发利用德宏水牛,通过杂交改良,使德宏水牛由肉役兼用向乳肉兼用转变,以开发水牛乳作为重点产业进行培植,1997 年实施中-欧水牛开发项目,重点打造“德宏水牛奶”“德宏水牛肉”两大品牌。

目前云南德宏水牛和杂交牛(摩拉水牛×德宏水牛)血清中两种同工酶的多态性研究,摩拉水牛及德宏水牛瘤胃产甲烷菌多样性比较是研究热点。

第三节　槟榔江水牛

槟榔江水牛是我国发现的唯一的河流型水牛,据史料记载槟榔江水牛在腾冲县饲养和使用已有 200 余年的历史。槟榔江水牛是牛科、水牛亚科、亚洲水牛种、河流型水牛亚种中的一个地方类群。槟榔江水牛长期以来为农户自繁自养,是乳、肉、役兼用河流型水牛品种,正加大力度开发其乳用性能。如图 6.3 所示。

一、地理分布

槟榔江水牛主产于腾冲槟榔江上游,主要分布于猴桥、中和、荷花、明光、滇滩等乡镇,全县各乡有零星分布。槟榔江水牛适应性较强,主要生活在海拔较低的低热河谷地带,但在海拔 500 ~2 000 m 的地区也能正常生长繁殖。

二、品种特征

槟榔江水牛被毛稀短,皮薄油亮,皮肤黝黑;被毛以黑色为主,大腿内侧、腹下毛色淡

图 6.3　槟榔江水牛

化,未成年个体部分毛尖呈现棕褐色。大约 20% 的个体有“白袜子”现象,即四肢下部以及耳毛、唇周毛白色。有少量个体白额、白尾帚,无晕毛、沙毛和白胸月现象。头长窄,额凸,额部无长毛;鼻平直,鼻镜眼睑黑色;耳壳薄,耳端尖,平伸;角基扁,角形螺旋形、小圆形、大圆环以及前弯角均有,黑色,螺旋形居多,约 50% 。无肩峰、颈垂和脐垂,胸垂大小与营养状况呈正相关;母牛乳静脉明显,盆状乳房,主要为黑褐色,“白袜子”个体乳房粉红色;尾至后管,部分到飞节,尾帚毛密中度;蹄质坚实、黑色。颈细,长短适中,水平颈,鹿颈形;头颈、颈肩背、背腰、腰尻结合良好,背腰平直,胸宽适中,良腹,斜尻;四肢发育正常,四肢肢势良好;体质结实,结构匀称,母牛后躯发达,侧视楔形,整体结构中度。通过对正常饲养条件下的60 头成年水牛(公牛 10 头,母牛 50 头)和部分不同年龄阶段的水牛分别进行体尺体重测量,成年公牛体高(138.15±5.35) cm、体斜长(146.55±8.94) cm、胸围(192.4±8.52) cm、管围(21.2±1.0) cm、体重(475.58±55.48) kg,成年母牛体高(131.77±3.31)cm、体斜长(139.16±7.99)cm、胸围(194.22±9.66)cm、管围(20.44±0.85)cm、体重(430.18±57.15)kg。

三、品种性能

槟榔江水牛采食能力强,耐粗饲,各种青草、树叶、农作物秸秆等均为其采食的饲料。槟榔江水牛性情温顺,易管理,稍有神经质。一年四季均以放牧为主,晚上或重役情况下适当补饲青干草、玉米及农作物秸秆。槟榔江水牛抗病力强,只要饲养管理得当,一般不会发生疾病。常见易感多发病主要有牛出血性败血症、气肿疽、肝片吸虫、前后盘吸虫、蛔虫以及一些胃肠道疾病和代谢病。

槟榔江水牛母牛初情期在 30 月龄,一般 36 月龄初配。发情多集中在 8—11 月份,发情周期平均 21 天,发情持续期 2 ~4 天,妊娠期平均 310 天,生命周期 20 年,一般利用年限 15 年。公牛初情期 24 月龄,有爬跨反射,30 月龄性成熟,适配年龄为 42 月龄。该品种目前都采用本交,未进行人工授精,公母本交配比例为 1 : 30。种公牛一般利用年限为 10 年,生命周期约 20 年。据槟榔江水牛良繁场提供的 31 头母牛测定资料,槟榔江水牛平均泌乳天数为 269 天,平均一个泌乳期产奶量达 2 452 kg,最高产奶量为 3 685 kg。另通过调查产奶母牛 60 余头发现,一个产奶周期产奶量约为 1 800 kg。

四、牛乳品质和肉质特性

2006 年由云南农业大学重点实验室对 31 头槟榔江水牛乳样进行测定,其中乳脂肪含量为(6.73±0.47)%,蛋白质含量为(4.05±0.14)%,乳糖含量为(4.99±0.06)%,无脂全固体含量为(9.99±0.19)%,全乳固体含量为(16.73±0.56)%。对测定牛群中的 5 头成年牛(其中公牛 2 头,母牛 3 头)进行屠宰测定,屠宰率、净肉率、眼肌面积和骨肉比,公牛分别为 44.51%、33.37%、35.8 cm 和 1∶2.99,母牛分别为 41.16%、30.42%、29.5 cm 和 1∶2.67。

五、槟榔江水牛的研究与利用

为进一步阐释槟榔江水牛生长特性，腾冲县畜牧工作站在槟榔江水牛核心群进行了长期的生产性能测定和种质评价工作，结果表明，槟榔江水牛在当地同等饲养管理条件下，其生长性能、采食速度、抗病力、行为调教、性成熟、成年体重、体型比例与体尺指数等特性均优于其他本地水牛，是保护和开发我国河流型水牛唯一的地方优良畜种遗传资源。槟榔江水牛的遗传多样性较丰富，从目前的群体数量看，仍然是一个濒危物种，急需加强遗传保护，提高其种群生产性能，以确保槟榔江水牛的优良基因免受遗传漂变。

第四节　邓　川　牛

邓川牛因最早在云南邓川地区饲养而得名。邓川牛是我国地方黄牛品种之一,也是我国唯一的奶用黄牛品种,具有适应性强、耐旱、耐粗饲、抗逆性强等优良特点。邓川牛体格较小,乳房较发达,具原始乳用牛体型。1986 年被列入《中国家畜家禽品种志》,纯种邓川牛已经濒临灭绝,亟待有关部门给予保护。如图 6.4 所示。

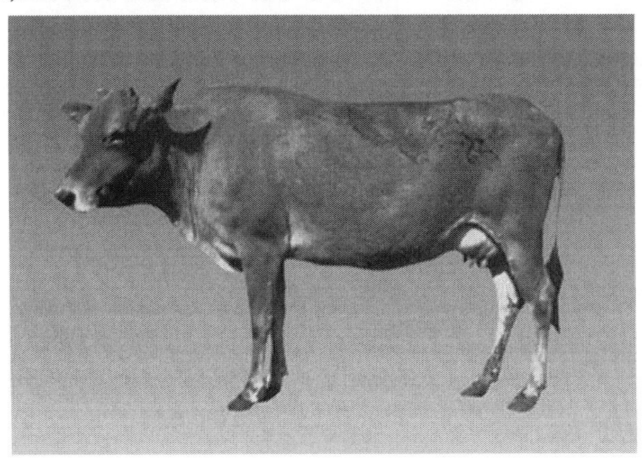

图 6.4　邓川牛

一、地理分布

邓川牛主要分布于洱源县以及大理州的鹤庆、大理、剑川、弥渡、祥云等县,其主产地为云南省的洱源县邓川地区的江尾、右所两区。洱源县位于北纬26°7′,东经99°57′,地处云南高原西部,为中山盆地地貌。县城海拔高度2 067 m,年平均气温14.2 ℃,最高气温29 ℃,最低气温-4 ℃;全年日照2 167 h,平均相对湿度为69%,年降雨量为775.8 mm;无霜期为225天。邓川地区原为邓川县,地势西北高、东南低,中间形成邓川坝子。水源十分丰富,东有东湖和永安江,西有西湖及螺蛳江,中间有弥苴河从北向南直穿坝心流入洱海,江河池塘星罗棋布,鱼虾甚多,土地肥沃,盛产水稻、蚕豆、小麦、油菜。粮食作物平均亩产超过千斤,素称“鱼米之乡”。

二、品种特征

邓川牛体格偏小,体型细致,各部结合良好。头小而短,角短细、多黑色,角型不一,有立角和横向角,角长公牛为(13.5±5.4)cm,母牛为(10.7±1.4)cm,角基间距离平均为10.2 cm。眼明有神,眼眶多为黑色。口宽大,舌黑色,是邓川牛主要特征之一,鼻镜黑色或粉红色,颈长短适中,垂皮较发达,公牛肩峰略高,母牛无肩峰。背腰长而较平,前胸略窄,胸深大,肋骨长且距离较宽,腹大,十字部宽平。臀部稍斜,臀端窄。尾细长,多超过飞节,尾帚大。四肢细致较短,前肢稍呈外向姿势,后肢多呈X状。蹄小,质地坚实。乳房较小,乳头短,乳静脉明显。

三、品种性能

邓川牛成年公牛平均体高、体长、胸围、管围和体重分别为(107.8±7.20)cm、(123.0±10.43)cm、(153.0±8.20)cm、(14.0±2.16)cm、(239.0±41.18)kg,成年母牛分别为(103.5±5.16)cm、(123.2±8.91)cm、(143.4±8.9)cm、(14.3±1.09)cm、(227.5±40.7)kg。成年邓川牛公牛体尺、体重都高于母牛,但差异不显著($P>0.05$)。母牛管围大于公牛,但差异不显著($P>0.05$)。

邓川牛母牛泌乳期平均为300.6天,产乳量为726.7 kg,高者达2 010 kg。乳脂率平均为5.5%。

四、牛乳品质特点

邓川牛所产乳的乳蛋白、乳脂肪、干物质含量高,乳脂肪球大,芳香浓郁,是制作传统乳扇、奶酪和奶饮品的良好原料。邓川牛产奶量介于黄牛与荷斯坦牛、娟姗牛之间。

五、邓川牛的研究与利用

邓川牛的闻名,是以人工精心喂养获得的。邓川牛耐粗放饲养,抗病力强,适应性高。但是,邓川的江尾、右所一带饲养乳牛,几乎都是取舍饲与牧放相结合的方法。这里的草场植被以禾本科为主,覆盖率在80%以上,主要有茅草、莎草、巴根草、马豆草、黄花草、奶浆草等。草高10~80 cm,每亩可产干草约200 kg。湖泊河道中有较多的水花生、水芹菜等,也是饲草的草源。所以,每年4—10月水草丰茂期大都放牧。11月至翌年3月枯草期大都舍饲。舍饲的主要方法是:每天喂精饲料两次,于挤奶前将煮熟的或浸泡过的蚕豆与豆糠加水拌匀喂给。青草或干草每天喂3~5次,每天喂水两次,每隔2~5天加喂食盐蚕豆面水。冬季还要补充萝卜、蔓青等多汁饲料。在舍饲期间,仍进行适当放牧,放牧可以加强牛群的活动。农民“爱牛如子”“爱牛如宝”,长期精心饲养,以补饲为主,坚持少喂勤添、定时定量的饲养方法,不但保存了良种,而且不断改良,培育出新的良种。

1. 邓川黑白花牛的培育

邓川牛作为母本资源奠定了我国西部和部分中原地区乳业发展的基础。中华人民共和国成立伊始,云南省农业农村厅和云南省种畜场以邓川牛为母本,引进荷斯坦牛进行级进杂交改良培育良种母牛,以发展城市奶牛业。自杂交改良后,邓川黑白花奶牛饲养量逐渐增加。改革开放以后,陕西、安徽、湖南、湖北、广西、贵州、四川、重庆等地区纷纷到洱源引购邓川黑白花牛,包括省内昆明、曲靖、红河、楚雄、保山、丽江、中甸等地市及州内各县市到洱源引购奶牛达30万头以上(30多年来每年以5 000~15 000头的数量源源外销各地),成为洱源县输出之大宗。这不仅使当地人民经济收入不断增长,极大促进了当地社会经济发展,而且也扩大了邓川黑白花奶牛的影响力。

邓川牛的闻名,还以其乳制品乳扇的美味、香酥畅销国内外而获得。乳扇属奶酪,而用邓川牛奶制作的乳扇、乳饼等以其特殊的加工、保存和食用方法而具有独特地位。乳扇作为传统乳制品鳌占600多年的乳制品市场,成就了洱源的传统奶牛业,从而大大地促进了邓川牛的发展,邓川牛铸就了大理白族自治州民族食品工业的发展。

2. 营养需要与饲养管理

云南农业大学重点实验室邓卫东等选取了年龄、胎次、泌乳月份基本一致的泌乳母牛36头(邓川牛×荷斯坦牛),随机配对分为3组,每组12头,对照组按当地传统方法饲喂(基础日粮),试验A组和试验B组在传统方法饲喂的基础上每头每天分别补饲不同量的精料,试验B组相对于试验A组补饲的精料多,经过106天的补饲试验,结果表明:添加奶牛浓缩料提高了乳密度、乳蛋白、乳脂率,试验B组与对照组有显著差异($P<0.05$),而试验A组与对照组及试验B组间差异不显著($P>0.05$);添加奶牛浓缩料,提高了产奶量和经济效益,平均每天增奶2.66 kg(试验A组)和5.54 kg(试验B组),分别增加收入1.33元和2.89元;添加奶牛浓缩料,能较好地维持泌乳曲线,说明添加奶牛浓缩料对奶牛的产奶量、乳脂率、乳蛋白含量都有所提高,因此在牛的泌乳期间可适当地提高精料的含量,以提高产乳量和乳品质。

段淑智探索了邓川奶牛干奶期、围生期的饲养管理技术,促进了邓川牛的规模化饲养。在干奶期,应注意适时干奶,防治乳腺炎。奶牛干奶应在母牛妊娠第7个月左右,离分娩约2个月(最短不得少于40天)。合理饲喂,干奶初期不喂高蛋白、高脂肪精料,应以粗料为主,不喂多汁饲料,控制饮水量。在完全停乳之后数日内,逐渐增加精料和青绿多汁饲料。彻底干奶后,增加谷物精料和多汁饲料,减少饲喂豆科植物干草及豆粕,加喂矿物质及维生素饲料等。促进母牛消化机能,避免发生反刍力弱、便秘、腹泻等扰乱消化的疾病。加强管理,增加运动。干奶期的牛,每天要进行适当的运动,增加光照时间,但不能在陡峭的山坡进行运动,防止滑倒。

在围生期,产前管理(最迟从产前2周开始)给母牛饲喂低钙高磷饲料,增加谷物精料和多汁饲料的数量,减少饲喂豆科植物干草及豆饼等,分娩之前及以后立即将摄入的钙量增加到每天每头125 g以上,这种饲养方法可使奶牛骨骼中的钙质向血液中转移,是预防生产瘫痪的一种有效方法;精饲料和粗饲料合理搭配,做到精粗平衡。奶牛产后应立即喂饮温热的麸皮、食盐(也可加红糖)水,以恢复母牛体力,为了促进奶牛产后恶露的排出,奶牛产后应喂服益母生化汤,产后1周内要给母牛饮温水;产后前几天,乳房内血液循环及乳腺细胞活动的控制与调节尚未达到正常,所以不要将乳汁全部挤尽,产后第1天,挤奶量应为日产奶量的1/3;从产后的第2天起,逐渐增加奶牛的挤奶量,到第4~5天奶牛的泌乳和消化机能恢复正常后,再恢复正常挤奶。每次挤奶前要坚持用温水洗乳房,并用湿毛巾进行热敷,同时进行轻度按摩;产后母牛的饲料应以优质干草为主,要掌握好逐渐增加饲料种类与喂料量的原则,一般从第3天以后可喂给多汁饲料,第7天开始喂给精料,根据奶牛情况逐渐增加喂量。另外,应注意饲料的适口性和可消化性,不要造成产后母牛的消化机能紊乱等不良后果。

3. 同期发情与胚胎移植技术

牛胚胎移植是一项新的育种技术,是快速提高良种化的很好途径。尽管奶牛胚胎移植推广多年,但基层畜牧兽医部门能够掌握该项技术的人员较少,影响了奶牛胚胎移植的推广应用。为提高育种技术,洱源县畜牧工作站开展了邓川黑白花奶牛同期发情及胚胎移植试验,让基层畜牧科技人员进一步了解奶牛胚胎移植,从受体母牛筛选、同期发情处理、解冻胚胎、移植到移植后的饲养管理等环节制定了操作技术的规范化标准,使技术人员掌握技术要领,可以在专家的指导下初次完成移植并达到预期效果。

第五节　云南瘤牛

云南瘤牛是热带和南亚热带的地方优良牛种,也是我国珍贵的畜种资源之一。云南瘤牛的染色体数目虽与普通黄牛相同($2n=60$),但公牛的性染色体形态和结构存在差异,普通黄牛的Y染色体为一较小的近中着丝点染色体,云南瘤牛则为一更小的近端着丝点染色体。在动物分类学上,瘤牛属于牛科(Bovidae)、牛亚科(Bovitcae)、家牛属(*Bos*)中独立的一个种(*Bos indicus*),与普通家养黄牛分属不同的种。由于云南瘤牛具有抗热、耐湿、抗蜱等体外寄生虫和某些疾病的能力,适于粗放饲养,并且在自然放牧条件下具有良好的商用性能和肉质特性,在黄牛育种中已越来越受到人们的重视。如图6.5所示。

一、地理分布

云南瘤牛原产于云南南部、中部和西南部,春秋战国时期,以滇池为中心的滇族和南部的百越等少数民族已饲养云南瘤牛。秦汉以后,随汉族的逐步迁入和气候的变化,原有民族向南部及西南部移居,瘤牛也随之南移。现在,瘤牛主产区为德宏傣族景颇族自治州的瑞丽市、潞西市、临沧地区的沧源县、耿马县、镇康县,西双版纳傣族自治州的勐腊县、景

图 6.5　云南瘤牛

洪市，普洱地区的澜沧、西盟和孟连等地，为当地傣、景颇、佤、拉祜和瑶簇等少数民族所饲养，全省约 5 万余头。在主产区的毗连地区和云南中西部低热地区、河谷地区及文山壮族苗族自治州等地，历史上也为瘤牛分布区，但由于瘤牛长期与普通黄牛混杂，目前已不易严格区分。

二、品种特征

云南瘤牛与普通黄牛在外貌特征、体型结构、毛色、角形及习性等方面均有明显差异。瘤牛最显著的特征是：公牛鬐甲前上方有一大的瘤状突起，状如驼峰，营养良好时瘤的尖峰可向后或两侧倾斜，有的中间呈一凹槽。一般瘤高为 12 ~ 15 cm，高者可达 18 ~ 20 cm。头短，额部宽平或微凹，眼圆大有神，耳朵比普通黄牛长大，安静时往往平伸或下垂；角多粗短，公牛均有角，母牛多数无角，公牛角形可分长角、短角和“倒八字”角三种，也有角较纤细、软角和七弦琴状者，但不多见。颈粗短，颈部肌肉厚实，垂皮十分发达，从下颌前缘开始一直向胸部延伸，在炎热地区，垂皮有延伸至腹部者，称腹垂。体躯圆长，前躯发达雄壮，后躯呈圆筒形，背腰平直，尻部较平；公牛有较长的阴鞘，从阴囊下部到包皮的整个阴筒均向下垂。尾粗且长，尾帚几乎着地。四肢较细，结实有力，蹄小而坚实。全身被毛短而细密，有光泽；毛色复杂，常见的有黑、褐、红、黄、青和灰白色 6 种。

三、品种性能

云南瘤牛成年公牛体高、体长、胸围和体重分别为(116.8±6.3)cm、(129.3±7.8)cm、(155.9±9.4)cm、291.0 kg，成年母牛分别为(107.0±4.8)cm、(115.0±5.5)cm、(141.5±6.0)cm、213.7 kg。云南瘤牛性情温驯，调教后易驾驭，具有极好的耐苦和耐热能力。在云南热带地区夏季高温的情况下，瘤牛仍可在直射阳光下站立和使役。它的叫声高亢洪亮，与普通黄牛不同。公牛喜斗。此外，瘤牛具有抗蜱、螨、牛皮蝇等体外寄生虫的能力，对某些传染病也具有先天性抵抗力。

一般未经育肥的成年牛屠宰率为 52.3%，净肉率为 39.6%。母牛 2 岁配种，发情周期为18～25天，持续期为1～1.5天。妊娠期为9个月。

四、肉质特性

据云南农业大学田允波、葛长荣测定，云南瘤牛背最长肌pH为6.08，系水力为90.57%，剪切力(嫩度)为2.03 kg，滴水损失为5.10%，熟肉率为57.93%，肉色评分为5.20，大理石纹评分为1.65，肌肉粗蛋白含量为20.06%，粗脂肪含量为1.24%。其结果显示，在自然放牧条件下，云南瘤牛具有良好的肉质特性，其pH下降缓慢，系水力高，肉质嫩度好，滴水损失低，熟肉率高；肌肉蛋白质含量较高，肌内脂肪含量较低，说明与纯天然放牧条件下缺乏能量饲料有关，同时与地方牛种有密切联系，较生活在高寒地区的中甸牦牛、迪庆黄牛和中甸犏牛肌内脂肪含量要高些，可认为是对生态环境的一种适应。

五、云南瘤牛的研究与利用

1. 云南瘤牛肉质特性的研究

田允波等采用组织学、电镜方法对云南主要地方牛种大额牛、云南瘤牛、中甸牦牛、迪庆黄牛和中甸犏牛的肌纤维特性进行系统研究。结果显示云南瘤牛横纹肌明显比大额牛浅，四面较暗，肌间脂肪沉着丰富，质感较硬。云南瘤牛肌节长度最短，去势公牛的肌节居中。研究者据测定数据绘制出大额牛、云南瘤牛横纹肌超微结构肌节模式图，研究探讨了云南地方牛种肌纤维组织学特性与肉质特性之间的相互关系，为云南地方牛种肉质的深入研究及牛肉制品的加工开发提供了科学的理论依据和组织学资料。

2. 云南瘤牛抗蜱性能研究

蜱虽然可用药物控制，但成本高，药效不稳定。因此，有必要通过肉牛杂交改良技术引进抗蜱牛的血液(如瘤牛)，以提高杂交后代的抗蜱能力，这是现代肉牛育种的一种趋势。赵刚等通过对蜱的种类调查、各杂交组合牛群对蜱的感染情况及抗蜱能力的研究结果表明，生活在瑞丽等云南省南部地区的云南瘤牛在抗蜱性能方面存在着品种优势，加之长期生活在全年都有蜱侵袭的热带地区，使其具有很强的抗蜱能力。因此认为云南瘤牛可能是云南省抗蜱能力最强的地方品种，应很好地加以利用。

3. 云南瘤牛遗传多样性的研究

禹文海等采用PCR直接测序和PCR-RFLP法研究了云南瘤牛MHC-DQB基因外显子2(DQB.2)的遗传多态性，并利用DNAMAN软件分析了云南瘤牛与部分物种DQB.2相应核苷酸序列的同源性。结果发现，共检测到了17个等位基因，其中*Hae*Ⅲ酶切位点存在10种基因型，由A、B、C、D和E 5个复等位基因控制；*Rsa* Ⅰ酶切位点存在22种基因型，由A、B、C、D、E、F、G、H、I、J和K共11个复等位基因控制；*Taq* Ⅰ酶切位点只出现了1种基因型。分析发现，云南瘤牛DQB.2的12、25、63、96、106、126、152、156、165、204位的碱基表现出了多态性。所分析的物种该基因片段大小相同，均为270 bp，云南瘤牛存在第224位碱基缺失及第236位碱基插入现象。云南瘤牛与人、猪、马、绵羊、黄牛×瘤牛的核苷酸序列的同源性分别为81.4%、83.3%、78.1%、87.7%、86.6%。

第六节　文山黄牛

文山黄牛，又名文山高峰黄牛，属役肉兼用型黄牛。文山黄牛体躯结实，肌肉发达，力大耐劳，繁殖力强，性情温顺，易调教，耐粗饲，对湿热及寒冷条件有较好的抗逆能力，肉质好。1987 年被列入《云南省家畜家禽品种志》，2011 年收录于《中国畜禽遗传资源志》，是云南省六大名牛之一。如图 6.6 所示。

图 6.6　文山黄牛

一、地理分布

文山黄牛主要分布于广南、富宁、砚山、邱北等县，产区位于云贵高原南部及其边缘，一般多在海拔 800 ~ 1 250 m，境内山峦起伏，山脉自西北向东南蜿蜒，河流以南、北盘江为主，流经石灰岩峰丛区，多渗漏或潜入地下，成为伏流，形成河谷纵横、谷地山深、峰峦叠嶂的复杂地形。年平均气温多在 15 ~ 19 ℃，年降水量为 1 100 ~ 1 500 mm，无霜期为 260 ~ 340 天。土壤多为红壤、黄壤。草场主要有低中山、中山的草丛草场、灌丛草场、疏林地草场，牧草种类繁多，以禾本科为主，生长繁盛，但易老化。

二、品种特征

文山黄牛头大额平，嘴粗，颈短粗而厚，垂皮长宽，有弹性，皱纹不明显；角形多种多样，有上生、侧生、前生者，一般角均较短。公牛肩峰明显突出(18 ~ 15 cm)；母牛肩峰一般仅略高出于背线 2 ~ 3 cm。躯干呈圆筒形，背长腰短平直，腹圆稍下垂。四肢略长而粗壮，筋腱明显，四肢坚实；四蹄较小，质地坚实，行动敏捷善于爬坡。被毛细密有光泽，毛色黄色占 76.04%，黑色占 12.98%，棕色占 9.18%，花斑点占 1.8%。被毛黄色牛的颈、背腰、胸腰侧均为黄色，而腹下、乳房、四肢内侧、嘴筒周围及眼眶等处均以乳白色为特征。从整体看，体型似有偏细致和偏粗壮两种类型。

三、品种性能

文山黄牛成年公牛体高、体长、胸围、管围和体重分别为：(117.3±6.3) cm、(124.9±

8.2)cm、(161.5±8.9)cm、(15.0±1.5)cm、239.8 kg,成年母牛分别为:(109.1±4.7)cm、(114.5±5.6)cm、(147.7±7.2)cm、(15.1±1.1)cm、(229.6±26.4)kg。文山黄牛具有较好的挽力和持久力,能水旱兼作,尤其适应陡坡梯田的耕作和劳役。文山黄牛具有山地牛的体态特征和较好的役用和肉用性能,善爬高山、陡坡,同时对复杂的气候条件亦有良好的适应性;数量多,流向广,影响颇大。但因产区自然条件的差异,饲养管理水平不一,牛群品质尚欠整齐,群体与个体之间均有不同程度的差异。

四、肉质特性

农胜虎等对文山牛公、母牛进行生产性能测定和比较,并就公、母牛各6头短期育肥、屠宰性能测定和牛肉品质进行分析。结果显示,其育肥性能好,屠宰率高,产肉性能优良,文山牛公、母牛宰前活重分别达510 kg和325 kg,公牛的屠宰率和净肉率分别达60.23%和49.78%,母牛分别达54.77%和43.22%,屠宰率接近南方优良肉牛品种水平。文山黄牛公、母牛牛肉的剪切力为(60.15±7.10)N和(57.65±6.49)N,与国外高档牛肉的嫩度稍差,与前期经过7天排酸的18月龄西门塔尔牛、文山黄牛和云岭牛的58.54 N、60.42 N和61.26 N差异不大,具有很理想的嫩度。文山黄牛的鲜肉 L^* 、a^* 较高,肉色鲜红,整体肉色好。文山黄牛公、母牛肉的蒸煮损失分别为(31.29±1.84)%和(33.71±2.26)%。

五、文山黄牛的起源研究

徐宝明等对文山黄牛细胞遗传学、mtRNA RFLP(线粒体DNA限制性片断长度多态性)和血液蛋白及同工酶的研究表明,其Y染色体形态和d-带具有显著多态性,父系的起源可能是瘤牛,母系的起源含有瘤牛和普通牛血统,与瘤牛的亲缘关系较近。由此认为,文山黄牛的起源至少受普通黄牛、瘤牛和爪畦牛的多重影响,可能是由当地人驯化的野生牛群与外亲的驯化牛群相结合,并适应当地的气候环境而逐渐形成的。

云南省肉牛和牧草研究中心及中国科学院昆明动物研究所的研究者们检测了文山黄牛和迪庆黄牛mtDNA的多态性,结果显示,两种牛在遗传上同时具有瘤牛和普通黄牛两种母系起源,进一步补充证实了兰宏、施立明等和王毓英等对云南黄牛起源的研究。根据两种牛表现的基因单倍型,推测文山牛以瘤牛血统为主,迪庆牛以普通黄牛血统为主;从mtDNA方面证实了文山黄牛主要有瘤牛和普通黄牛两种母系起源,另外还可能有巴厘牛起源。同时研究了文山黄牛和迪庆黄牛的遗传分化,即文山黄牛受瘤牛影响大,迪庆黄牛受普通黄牛影响大。

第七节　盐津水牛

盐津水牛,英文名为Yanjin Buffalo,所属类型为沼泽型,是牛科(Bovidae)、水牛属(*Bubalus*)。盐津水牛饲养历史悠久,早在2000多年前的秦、汉时期当地已经饲养盐津水牛。主产区的自然条件有利于水牛的繁衍生存,通过长期的自然选育,逐渐形成头雄、角圆、颈粗、骨大、身长、尾短、蹄圆、肢壮的水牛地方品种。产区农户对水牛饲养较为精细,习惯以小群放牧为主,结合舍饲。盐津水牛耐粗饲、生命力强。在河谷和矮山区,自然条件好、山场宽阔、野草丰茂,几乎终年放牧;在雪天时和农忙季节补喂干草、米糠、玉米等。坝区无成片草山,以舍饲为主,夏秋放牧于田边地脚、河堤、路边。如图6.7所示。

图6.7　盐津水牛

一、地理分布

盐津水牛原产于云南昭通地区的盐津、威信两县,在云南省绥江、水富、镇雄、彝良、昭通、巧家、永善、大关和鲁甸等县以及曲靖地区的部分县(市)均有分布。

二、品种特征

盐津水牛全身被毛稀短,但下颌下部及胸部毛稍长,被毛青色占49.4%,青灰色占24.4%,褐灰色占24.4%,白色占0.9%;毛色特征为内眼角、耳内、嘴唇,四肢腕肘关节以下毛色较淡,呈灰白或白色。皮肤除白色牛为粉红色外,其余为灰色。

头颈结合良好,公牛较粗壮,母牛较细长。鬐甲高度适中,胸宽深,腰短而直,臀部中等长;四肢端正。十字部高略大于或等于体高。头大小适中,面平,额稍隆起。眼大有神,耳大灵活,嘴大而方。角粗,呈灰黑色,向外向后向内弯曲呈半弧形。头颈结合良好。鬐甲高度适中,宽窄适当。胸宽深,肋骨拱圆。腰短而直。臀部中等长,尾短。四肢短粗,结实有力。蹄大而圆,质地坚实,灰黑色。

三、品种性能

盐津水牛性情温驯,终年放牧,适应性强,耐粗饲,抗病力和适应性强,耐热,抗病虫、抗逆,耐高温高湿。

盐津水牛成年牛体高公牛为123 cm左右,母牛为121 cm左右。体重公牛约为410 kg,母牛约为390 kg。最大挽力公牛为367 kg,阉牛为360 kg;正常挽力公牛、阉牛分别为135 kg和120 kg。

公牛在1.5~2岁性成熟,配种年龄公牛为3岁,母牛为2~3岁,繁殖率为53%,犊牛成活率为87%。盐津水牛性成熟随着产区内地带气候悬殊而有差异。江边河谷热区公牛12月龄性成熟,18~24月龄初配;高山及冷凉坝区公牛1.5~2岁性成熟,3岁初配,6~8岁配种能力最强,一般10岁以后不再做种用。母牛早的在12~18月龄性成熟,

18～24 月龄初配；晚的在 2 岁性成熟，2.5 岁初配，全部为自然交配。母牛发情周期为 18～30 天，平均为 23 天；发情持续期为 1～3 天；妊娠期为 320～348 天，平均为 330 天，繁殖年限为 17～18 年，终生产犊 7～8 头。初生重公犊为 22～29 kg，母犊为 17～29 kg；断奶重公犊为 140～180 kg，母犊为 120～180 kg；哺乳期日增重公犊为 0.43 kg，母犊为 0.38 kg。犊牛成活率为 94.37%。

四、盐津水牛遗传多样性的研究

王春兰等综述了有关盐津水牛近年来在遗传多样性方面的研究。胡文平等应用 mtDNARFLP 技术分析了盐津水牛的多态性，结果表明所使用的 18 种限制性内切酶中有 15 种酶的酶切类型一致，3 种限制性内切酶表现为多态，分别为 *Bam*H Ⅰ、*Eco*R Ⅰ 和 *Sca* Ⅰ，结果完全支持云南水牛属于沼泽型水牛的观点。张毅等在研究 18 个中国地方水牛品种时发现，盐津水牛的平均等位基因数（MNA）和预期杂合度（He）分别为 4.17 和 0.517，盐津水牛和涪陵水牛的遗传变异最低。德宏水牛、滇东南水牛和盐津水牛 mtDNA D-loop 序列的 A、T、G、C 含量在品种之间非常接近，（A+T）含量（58.4%）明显高于（G+C）%含量（41.6%），符合哺乳动物线粒体 A/T 含量较高的特征。总体来说，云南水牛的遗传多样性程度保持着较高的多态水平。

第八节　中甸牦牛

中甸牦牛，1986 年列入《国家畜禽遗传资源名录》，是适宜特殊地理环境的牛属牦牛亚属的原始地方品种，属肉乳毛皮兼用型牦牛。中甸牦牛是当地居民长期驯化野牦牛逐步演变形成家牦牛的地方品种，饲养牦牛挤奶的历史悠久。香格里拉市与四川甘孜州稻城、乡城及西藏昌都地区相毗邻，历史上就有相互交换种牦牛和在交界地混牧的习惯，因而中甸牦牛与相邻藏东南康区牦牛有密切的血缘关系。如图 6.8 所示。

图 6.8　中甸牦牛

一、地理分布

中甸牦牛是我国主要牦牛类群之一，主产于海拔 2 900～4 900 m 的迪庆州中北部高寒地区香格里拉市建塘镇、格咱、尼汝、东旺，德钦县升平镇、羊拉、佛山等地的高寒草甸草场，亚高山（林间）草场、沼泽草甸草场和亚高山、山地灌丛草场等几类草地。其他在全州的各地高寒山区和周边乡城、德荣、稻城等地有分布，海拔 2 500～2 800 m 的中山温带区的山地有零星分布。

二、品种特征

中甸牦牛体格健壮，四肢短而结实，头大额宽，体躯深厚，皮薄无汗腺，被毛密长，尾短毛长形如帚，具有耐寒、耐缺氧、耐粗、耐牧、抗逆性强、泌乳力高的特点。中甸牦牛极适高海拔气候自然环境和低矮草丛，不耐湿热及蚊虫，乳脂含量高，肌肉粗蛋白含量高，氨基酸含量丰富，骨骼游离钙离子丰富，性成熟较晚，繁殖力低，生长相对缓慢。野牦牛一年四季生活的地方不一样，冬季聚集到湖滨平原，夏秋季到高原的雪线附近交配繁殖。野牦牛性情凶猛，一旦触怒会以 10 倍的牛劲疯狂冲上来，有时还会把汽车撞翻。中甸牦牛占世界总数的 85%，其中多数生长在西藏高原。体格健壮结实，体型大小不一。公牛性情凶猛好斗，母牛性情比较温顺。毛色以黑色为多，其次为黑白花。公母牛均有角，角细长向外上方伸展，角尖稍向前或向后，角为黑色或灰白。额宽面凹，眼圆大稍凸，耳较小而下垂。颈细薄无肉垂，胸深大，背腰平直而稍长，臀部倾斜，尾短毛长，形如帚。四肢短，被毛长，尤以四肢及腹部裙毛甚长，长者可及地。

三、品种性能

公牛体高 113 cm，体重 230 kg；母牛体高 105 cm，体重 190 kg；阉牛体高 120 cm，体重 300 kg。

泌乳期一般为 210～220 天，在带犊哺乳的条件下，每头母牛产奶 202～216 kg，乳脂率为 6.2% 左右；不带犊的母牦牛年产奶 529～575 kg，乳脂率为 4.9%～5.3%。未经肥育的成年牛屠宰率为 48%，净肉率为 36%。母牛一般 4 岁开始配种，繁殖率为 66%，成活率为 93%。

四、肉质特性

据云南农业大学田允波、葛长荣测定，中甸牦牛背最长肌 pH 为 6.02，系水力为 91.19%，剪切力（嫩度）为 3.04 kg，滴水损失为 4.88%，熟肉率为 59.09%，肉色评分为 4.00，大理石纹评分为 2.90，肌肉粗蛋白含量为 24.69%，粗脂肪含量为 2.36%。其结果显示，在自然放牧条件下，中甸牦牛具有良好的肉质特性，pH 下降缓慢，系水力高，肉质嫩度好，滴水损失低，熟肉率高；生活在高寒地区的中甸牦牛、迪庆黄牛和中甸犏牛，肌内脂肪含量更高，可认为是对生态环境的一种适应。

五、中甸牦牛的研究与利用

1. 中甸牦牛乳的营养成分测定

和占星等经过测定,中甸牦牛的乳脂肪、乳蛋白和总固形物质量分数分别比荷斯坦牛高4.02%、1.76%和7.85%($P<0.05$),表明中甸牦牛的乳糖含量与普通牛差异不大。而犏牛的乳脂肪、乳蛋白和总固形物质量分数分别比荷斯坦牛高5.58%、1.41%和8.59%($P<0.05$)。结果表明,中甸牦牛、迪庆黄牛及其种(属)间杂种犏牛乳的总固形物、脂肪和蛋白质质量分数高,均显著或极显著高于普通牛种的荷斯坦牛、西门塔尔牛及含瘤牛(*Bosindicus*)血缘的云岭牛乳,乳总固形物质量分数高于水牛乳,乳脂肪和乳蛋白质量分数接近水牛乳,具有开发高附加值高原特色乳品的潜质。

2. 中甸牦牛的遗传多样性分析

涂世英等以动物mtDNAD-loop区为分子标记,对中甸牦牛mtDNAD-loop区进行序列分析,结果显示,15头中甸牦牛mtDNAD-loop区序列长度在890~910 bp之间,个体间差异较小。通过对中甸牦牛mtDNAD-loop区序列的比对分析,发现T、C、A、G四种碱基的平均含量为28.78%、24.41%、32.34%和14.47%,碱基组成偏好性明显。中甸牦牛平均单倍型多样性为0.983 3,平均核苷酸多样性为0.005 34,序列变异存在碱基插入、缺失和替换,共有51个变异位点,其中15个插入或缺失位点,36个转化或颠换位点,转换/颠换为1.77,表明中甸牦牛种内遗传多样性丰富,其系统进化分析显示,中甸牦牛是我国众多家牦牛类群中的一支,与麦洼牦牛聚为一类,推测其可能与麦洼牦牛因地理位置存在基因交流,由共同祖先进化而来。

第九节　云南省地方牛品种的保护与利用

一、建立繁育体系

开展地方牛种资源调查,摸清各地牛种资源状况,通过对各地牛群体进行个体评定,筛优良种群组建基础母牛核心群;在全省范围内选择优秀种公牛,引进省外优良种公牛或者冻精与之选种选配,对其后代进行选育,选择优秀种公牛逐步向全省推广。

二、建立地方牛品种杂交利用新模式

在对现有杂交利用的基础上,引进奶肉兼用西门塔尔牛、安格斯牛、短角牛、荷斯坦奶牛等牛种资源与其杂交,并通过对所生产犏牛的生长发育、产奶产肉性能和品质评价,筛选出较为理想的新的牛品种杂交利用模式。

三、利用同期发情技术开展人工授精

传统养殖条件下的自然交配,公牛需要量大,增加养殖成本和生态成本,引进种公牛价格昂贵,而且有不适应当地环境而死亡的可能,特别是引进低海拔地区种牛不能适应高海拔环境。因此进行当地品种改良或其他牛杂交,引进冻精进行人工授精是最佳途径。同时应用同期发情技术开展程序化人工授精具有很好的可行性。程序化人工授精技术的应用可使配种牛群体集中发情、排卵、妊娠、分娩,极大地节约养殖和授精技术人员的时间和劳力,也方便母牛妊娠、分娩及产后统一管理,同时应用该技术还可增加受胎率。

四、现代养殖技术的集成应用与推广

开展人工草场建设,强化天然草场改良,饲草种植与调制,补饲饲料产品开发与推广,犊牛代乳料研发与应用,犊牛、后备牛、母牛和育肥牛科学饲养,早晚精料补饲与白天放牧相结合,冬春暖棚养畜,加强疾病防控技术应用,初步建立科学的中甸牦牛现代养殖集成技术,并通过示范、培训进行推广。

五、进行牛肉、牛奶新产品研发及生产

水牛奶、水牛肉、牦牛奶、牦牛肉不仅营养价值高,而且是绿色食品,符合世界食品新潮流。应加强政策、资金、科技投入力量,出台倾斜政策,扶持龙头企业,创造有力名牌,依托当地牛产品加工企业制定工艺技术规程及产品质量标准,实施生产线升级改造,实现企业自主知识产权技术的产业化,研发完善牛奶、牛肉、保健品等加工产品规模化生产工艺技术,提高企业产品附加值,以工带养,延长产业链,带动农民以养致富,推动地方优良品种牛产业的健康发展和县域经济发展。

六、创建科研科技创新团队

为提升地方优良品种牛生产性能,科技与畜牧部门要加强协调,积极组织专业科研人员,创建科技创新团队,开展地方优良品种牛种资源概况调查,建立纯种繁育体系,建设饲草基地与牧场、精料研发及补饲管理等深入研究,强化提升地方优良品种牛生产性能,为壮大当地良种牛产业打下良好基础。

第七章　云南省特色畜禽资源——羊

进入21世纪,随着知识经济与全球化时代的到来,支撑全社会创新活动的生物资源,日益成为国家的重要资源。畜禽种质资源是经过长期自然驯化及人为改造形成的,是人类社会生存与可持续发展不可或缺的重要生物资源之一,为人类社会科技与生产活动提供基础材料,对科技创新与经济发展起着重要的支撑作用。

我国绵山羊遗传资源广泛分布在不同的生态环境中,这些遗传资源的形成反映出不同生态环境下各民族畜牧业的文化发展历程,是各地区人民长期精心培育的成果,更是今后培育新品种的遗传因素。

随着畜牧业产值在农业总产值中所占比例的逐步提高,畜牧业作为农村经济的重要支柱产业,已成为云南省农业和农村工作的重点。近几年来,养羊业已成为云南畜牧业发展的重要产业和农村经济增加收入的亮点产业,是农民增收的重要来源,也是全面建设小康社会的一项重要产业。

第一节　圭山山羊

一、品种简介

圭山山羊属乳肉兼用型山羊,是国家农业农村部农产品地理标志。据有关史书、通志记载,早在2 800多年前居住在圭山一带的彝族人民就饲养山羊,圭山山羊以放牧为主,《阿诗玛》中记载"上山去放羊,风吹草低头,羊群吃青草。"1987年圭山山羊被录入《云南家畜家禽品种志》,2006年曾列入《国家级畜禽遗传资源保护名录》,2009年列入《云南省省级畜禽遗传资源保护名录》,2011年录入《中国畜禽遗传资源志 · 羊志》。

二、中心产区及分布

圭山山羊产区以云南省昆明市石林县为中心,自陆良、师宗边界沿普拉河延伸至弥勒县中部绵延200多千米的圭山山脉一带,石林县地处中亚热带气候区,具有低纬高原山地季风气候的特征,全年干湿分明,雨量充沛,日照充足。石林县水资源较为丰富,境内除有南盘江、巴盘江、巴江、甸溪河外,还分布有黑龙潭水库、月湖水库、团结水库、圭山水库等中型水库和100多个小二型水库,全县地表水资源为4.73亿 m^3,全县森林覆盖率高达42.2%。

在彝族支系撒尼人聚居的石林、宜良、弥勒、泸西、陆良、师宗县均有圭山山羊分布,石林县1978年建立种羊场,同年引进高代杂交沙能羊90只进行纯种繁殖。2000年引进沙能良种羊126只,昆明市的西山及呈贡也从石林县引进部分圭山山羊进行饲养,其数量约为10万只。石林县现存栏圭山山羊33 269只,其中西北农林科技大学能繁母羊

18 138 只，占圭山山羊存栏量的 54.5%。县内主要集中在圭山、长湖、石林、板桥 4 个乡镇，其他乡镇存栏较少（500～3 000 只），经调查全县境内圭山山羊饲养从海拔最低 1 500 m的大叠水村到海拔最高 2 125 m 的圭山镇红路口村。

三、群体数量

2005 年末圭山山羊存栏量为 164 443 只，出栏量为 68 988 只，与 2004 年相比分别增长 6.64% 和 9.04%；2005 年鲜奶产量为 8 771 t，与 2004 年相比增长 25.4%，出售商品乳饼 1 253 t。2006 年全省圭山山羊存栏量为 31.69 万只，其中昆明市存栏量为 10.19 万只，中心产区石林县存栏量为 3.32 万只（其中能繁母羊 1.81 万只），与 1986 年的存栏 7.78 万只，能繁母羊 5 万只相比，分别下降 134% 和 176%。2011 年年底，昆明市圭山山羊存栏量为 7.67 万只。

四、体型外貌

圭山山羊骨架中等，体躯丰满，近于长方形。头小而干燥、额宽、耳大灵活不下垂、鼻直、眼大有神，公母羊均有须，绝大部分有角，多为倒八字形，少量为螺旋形。肉髯少见，颈部扁浅，鬐甲高而稍宽，胸宽、深而稍长，背腰平直，腹大充实，尻部稍斜；四肢结实，蹄坚实呈黑色；尾部短而细。母羊乳房圆大紧凑，发育中等；公羊睾丸大，左右对称。全身毛色多呈黑色，部分肩部、腹部毛色呈黄棕色，或头部为褐色；公羊颈肩和背部都长有较长的毛，雄性特征显著。被毛粗短富有光泽，皮肤呈黑色，皮薄而富有弹性。

五、品种生物学特性

圭山山羊抗逆性强，善于攀食灌木嫩叶枝芽，耐粗饲的能力强，既产乳又产肉，体质结实，行动灵活，游牧、定牧或舍饲均可，为云南省优良地方品种，但产乳量低，生长发育慢，成熟较晚。

六、生产性能

圭山山羊成年公羊平均体重为 47 kg，屠宰率为 49.49%，成年母羊平均体重为 42 kg，屠宰率为 46.91%，根据 2007 年云南农业大学营养与饲料重点实验室对昆明市石林县畜牧兽医总站提供的样本的检测结果，圭山山羊肌肉粗蛋白含量高达 26.37%，干物质总含量高达 31.37%，脂肪含量较低，具有高蛋白低脂肪的优良特征。圭山山羊的泌乳期为 5～7 个月。一个泌乳期可产鲜奶 150～220 kg，盛产期日产鲜奶 1.5 kg。个别优秀个体日产鲜奶达2 kg，乳脂率为 5.68%，干物质含量为 16.02%，乳蛋白含量为 5.08%，乳糖含量为 4.55%，水分含量为 68.67%。

七、繁殖性能

圭山山羊一般在 4 月龄时即出现性行为；初配年龄一般为 1～1.5 岁，公、母羊利用年限一般为 5～7 年，长者达 10 年左右。母羊发情明显、集中，多采取春配秋生，一年一胎。母羊发情周期为 12～17 天，长者达 23 天，持续期为 1～3 天，产后 60 天可再次发情。妊娠期为145~152天。产羔率为60%，据统计，羔羊出生重公单羔为3.09 kg，母单羔为2.56 kg，公双羔为2.56 kg，母双羔为2.05 kg；羔羊成活率为98%，羔羊死亡率为2%；公羊少量用于人工授精，精液品质良好。

八、饲养管理

圭山山羊性格温顺，易于管理。饲养管理上实行分群饲养，羔羊2月龄前不放牧，专设羔羊隔离圈，母羊群出牧后，羔羊关养在隔离圈，在圈栏上放置一些灌木嫩叶或紫花苕、青干草任其采食。母羊群收牧后羔羊随母羊自由吃奶。2月龄后由一只年老的母羊带头，放于专门为羔羊种植的牧草地及放牧离村较近的牧场。饲养户推广种植紫花苕、苜蓿、黑麦草、云牧2号等优质牧草，进行青贮饲料、氨化料的应用，解决冬春干枯时期的饲草饲料，彻底改变历史上冬春到南部开远等地游牧的习惯。收牧后补饲玉米等精料，4月龄断奶，随成年羊群放牧。成年羊以放牧为主，适当补饲精料、青贮饲料等。

近年来石林县推广漏粪式高床羊舍，大大改善圈舍卫生和通风条件，解决了补草补料难的问题。同时减少了寄生虫病、腐蹄病对羊只的危害，饲养管理水平有了明显的提高。2005年全县有漏粪式高床养羊户1 110户，占全县饲养山羊户的24.4%。农村饲养户实行“精料+青贮料+秸秆糠”的补饲方法，改变了过去只是挤奶期才补饲适当精料的饲养方式。

九、圭山山羊研究利用现状

石林县1979年被列为全国奶山羊生产基地，为加快奶山羊基地建设，引进沙能良种羊进行杂交改良，由于奶山羊杂交选育的推行，圭山山羊的品种选育受到影响。近20年来圭山山羊存栏量下降幅度较大，1986年圭山山羊被云南省畜牧总站列为地方良种保护项目，引起各级业务主管部门的重视，建立了保种户，加强了本品种选育的同时，推广应用科学养羊实用技术，保种群体质和生产性能明显提高。根据石林县的气候特点和当地群众生活习俗，在毛色选育方面以黑毛、褐毛、黑黄毛为主。

第二节　云岭山羊

一、品种简介

云岭山羊，曾用名云岭黑山羊，是肉皮兼用的地方品种，也是云南省山羊中数量最多、分布最广的地方良种山羊。云岭山羊的来源和形成历史悠久，1987年该品种列入《云南省家畜家禽品种志》，2009年列入《云南省省级畜禽遗传资源保护名录》，2011年录入《中国畜禽遗传资源志·羊志》。

二、中心产区及分布

云岭山羊主产于云南省境内云岭山系及其余脉的哀牢山、无量山和乌蒙山延伸地区，通称为云岭山羊。楚雄州地处滇中，东与昆明相邻，南与玉溪、普洱相连，西与大理接壤，北与丽江和四川的攀枝花、会理隔江相望。大部分地区平均海拔在1 700～2 000 m之间。楚雄州优越的自然条件，适宜牧养山羊以及人们生活，市场的特殊需要，促进了楚雄州云岭山羊的发展。

云岭山羊主要分布于楚雄州各县市的山区、半山区，坝区也有部分养殖。中心产区主要集中在大姚、永仁、双柏、楚雄4个县（市），据调查，云岭山羊主要分布于海拔600～2 700 m的山区、半山区。产区人民特别是彝族人民历来就有养山羊的习惯，养羊积肥、穿羊皮褂、吃羊肉是产区各族人民生产生活的需要，近年来楚雄的云岭山羊在广东、广西、福建等沿海地区和湖南等地备受欢迎，并转口到东南亚和阿拉伯等国家。据统计，2005年云南省山羊存栏量为816万只，其中楚雄州山羊存栏量为121.8万只，占全省存栏量的14.9%，其中能繁殖母羊为61.7万只，占存栏量的50.7%。

三、体型外貌

云岭山羊体型近似长方形，体躯结构匀称，体格中等，被毛粗而有光泽，无或有少量绒毛，毛色以黑色为主，全身黑色被毛的山羊占81.6%，故又称黑山羊，部分山羊四肢内侧呈对称黄色、淡黄色被毛，尾毛均为黑色，皮肤白色。

头部呈契形，眼睛中等，额稍凸；两耳大小适中、直立、反应灵活；普遍有角，呈倒“八”字，稍有弯曲，向后再向外伸展；耆甲高低适中，背腰平直结合良好，胸宽深适中，肋微拱，腹大；尻部稍斜而尖；尾粗短上举；四肢粗短结实，蹄质结实，呈黑色，肌肉发育欠丰满，骨骼粗细适中。

四、品种生物学特性

云岭山羊的适应性较强，在海拔600～2 700 m的地区均能正常生长繁殖，气温21.7～8.9 ℃的地区均能正常生长繁殖，采食能力强，耐粗饲，各种青草、蒿草、嫩枝树叶、农作物秸秆等为山羊喜爱的饲料。合群性强，易放牧，一年四季均以放牧为主，仅早晚补给少量玉米、大豆等精料。抗病能力强，一般不会发生疾病。但若饲养管理不当，不重视防疫和驱虫防病，也会发生疾病，如山羊传染性角膜炎、山羊痘、疥螨、肝片吸虫、肺丝虫、胃肠道线虫和绦虫等。

五、群体数量

据统计，2005年云南省云岭山羊存栏量为124.1万只，2010年全省云岭山羊存栏量为827.89万只，其中能繁母羊387.25万只。

六、繁殖性能

云岭山羊一般4月龄左右出现性行为，公羊6～7月龄性成熟，10～12月龄开始初配；母羊6～7月龄性成熟，10～12月龄开始初配。一般高海拔地区性成熟稍晚，平坝低热河谷地区性成熟相对较早。公羊利用年限一般3～4年，母羊6～8年。公、母羊混群放牧，自由交配，未采用人工授精技术，公、母比例1∶20左右。母羊一般一年产一胎或两年三胎，年产两胎者仅占能繁母羊的20%左右，双羔率为15%～20%。生长速度慢，母羊产羔率和泌乳性能相对较低。

七、主要生产性能

云岭山羊羔羊初生重一般平均为2.0 kg,3月龄断乳重为7.1~11.7 kg,6月龄体重公羔为13.3~14.1 kg,母羔为11.8~14.1 kg;周岁体重公羊为21.1~2.7 kg,母羊为17.1~20.5 kg。成年公羊体重为31.7~35.2 kg;成年母羊体重为27.9~58.2 kg。1.5岁山羊屠宰率为43.61%;净肉率为31.91%。肉营养成分中粗蛋白含量为20.83%,粗脂肪含量为2.04%,氨基酸总量为68.06%,其中必需氨基酸含量为26.53%。繁殖性能公羊5~6月龄性成熟,8~9月龄开始配种;母羊7~8月龄初次发情,10~12月龄配种。母羊一般年产一胎,年产两胎者仅占10%左右,一般胎产羔率为120%,个别地区可达150%。云南省种羊场饲养的云岭黑山羊成年体重公羊为48.4 kg,母羊为35.2 kg。

八、饲养管理

云岭山羊性格温顺,易于管理,产区山羊主要采取全年自由放牧饲养,只在遇严寒和产羔期(母羊)才进行舍饲饲养。以放牧为主,一般不补饲或补少量饲料,放牧前和收牧后补给少量玉米等精料,部分农户收牧后补给适量的干草或青草、树叶,或秸秆加精料,一般日补精料0.1~0.2 kg/只。

九、云岭山羊研究利用现状

云岭山羊长期处于传统饲养管理条件下的自然选择。楚雄州内的云岭山羊近16年来一直在100万~125万只波动,由于州内的云岭山羊以放牧为主的饲养方式,数量的消长受封山育林政策的影响而波动,但存栏保持基本稳定。

楚雄州的山羊虽然群体数量大,但由于产区人民不注重选种选配以及自留小公羊配种,近亲繁殖现象突出,饲养主要靠天养羊,不注意补饲,饲草饲料供给不平衡,饲养管理粗放,该品种曾出现退化的现象,表现为个体逐渐变小,繁殖性能低,生长发育缓慢,生产性能参差不齐等。1995年以后,通过商品牛羊基地建设,着手建立核心群开展本品种选育提高,在全州开展种公羊的远缘串换、种草养羊和补饲、改造羊舍以及加强疫病防治等综合养羊配套技术的推广应用,遏制了山羊品种退化的现象,生产性能逐步得到恢复。云岭山羊未经过系统选育,在云南省内数量最多,分布也最广,因此不存在濒危危险。

第三节　龙陵黄山羊

一、品种简介

龙陵县养殖黄山羊历史悠久,据《龙陵县志》记载,民国时期就在木城、象达、天宁、龙新、平达等地饲养。当地群众素有养羊的习惯,也是家庭经济收入的主要来源之一,羊粪可作为山区发展种植业的优质肥料,养羊与群众的生活密切相关,也是龙陵黄山羊赖以生存和发展的社会条件。在当地特殊的自然环境及社会、经济条件下,经过长期的自然选择和人工选择,形成了龙陵黄山羊这个优良地方山羊遗传资源。

龙陵黄山羊于 1985 年载入《中国家畜品种及其生态特征》,2008 年列入《中国畜禽遗传资源目录》,2009 年加入《云南省省级畜禽遗传资源保护名录》,在《中国村镇百业信息报・畜群刊》向全国推荐的 9 个肉用型山羊品种中名列第四。2011 年龙陵黄山羊被云南省农业农村厅评定为云南六大名羊之一。

二、中心产区及分布

龙陵黄山羊产于云南省保山市的龙陵县,龙陵县 98% 是山区,森林覆盖率达 67.85%,雨量充沛,水利资源丰富,水质清纯,无污染,灌木丛生,植物种类十分丰富,1984 年龙陵县草场资源调查收集整理的植物名录有 135 科 636 种,适宜于龙陵黄山羊的养殖,与龙陵接壤的德宏州潞西市的部分地区及腾冲县的蒲川乡亦有少量分布。龙陵县属典型的低纬、高海拔季风气候,具有多种气候类型,气候资源丰富,龙陵县干湿季分明,素有“滇西雨屏”之称。在当地独特自然生态条件下,经过长期自然和人工选择形成的龙陵黄山羊是云南省优良地方品种。

近年来,由于林牧争地,草场可利用面积逐年减少,草场严重过牧,至 2005 年底,在上级政府及业务主管部门的关心和支持下,龙陵县通过各种渠道争取资金建成各种类型的人工草场 4 375.5 hm^2。

三、体型外貌

因龙陵黄山羊全身被毛黄褐色或褐色而得名。体型大而紧凑,公羊整个体型呈长圆桶状,头小,角向后向上扭曲,颈粗短,胸宽深,背腰平直, 尻稍斜,体格高大,姿势端正,结实有力,四肢下部黑色,蹄质坚实。额上有黑色长毛,颌下有髯,枕后沿脊至尾有黑色背线,肩胛至胸前有一圈黑色项带与背线相交呈“十”字形,股前及腹壁下缘有少量黑毛,体躯其余各部为黄褐色或红褐色长毛。母羊头大,有角或无角,眼睛明亮,颌下有髯,颈细,背腰平直,腹大充实不下垂,胸宽深,后躯发育良好,四肢相对较短,下部为黑色,体躯其余各部为黄褐或红褐色短毛,乳房大,左右对称,有弹性,乳头一对,大小、长短适中。

四、品种生物学特性

龙陵黄山羊适应性较强,耐热、耐寒、耐湿、耐旱,在海拔 1 000 ~ 3 000 m 的地区皆能正常生长繁殖。采食能力强,耐粗饲,各种青草、蒿草、树叶等均为该山羊采食的饲料。合群性强,易放牧。

五、群体数量

通过 20 多年的保种工作,龙陵黄山羊已形成稳定的外貌特征和生产性能。2005 年底,龙陵黄山羊在保山市存栏 5.83 万只,占全市山羊存栏总数(34.93 万只)的 16.69%。其中,主产区龙陵县存栏黄山羊 52 615 只,占山羊存栏总数的 90.2%,能繁母羊 26 308 只,成年公羊 5 931 只。龙陵黄山羊能繁母羊占黄山羊总数的 50%,占全县山羊存栏总数的 45%。成年公羊占黄山羊总数的 11.3%,占全县山羊存栏总数的 10.2%。2011 年龙陵黄山羊存栏量达到6.80万只。

六、生产性能

龙陵黄山羊在当地畜牧部门通过保种及良种选育等项目的连续实施,数量快速发展,遗传稳定性提高,很多优良特性得到保持。该品种以肉质细嫩、味美多汁、膻味小而著称。有研究结果显示,龙陵黄山羊在8月龄和18月龄时,具有较高屠宰率和净肉率,显出了良好的屠宰性能,也具有良好的胴体品质,且羊肉蛋白质中必需氨基酸的含量丰富。龙陵黄山羊必需氨基酸中赖氨酸、组氨酸均高于理想蛋白质中的含量。自然放牧条件下,周岁公母羊体重分别达35 kg和32 kg,成年公母羊体重分别达49 kg和43 kg。

七、繁殖性能

经多年观测结果,龙陵黄山羊性成熟期一般为公羊3月龄左右,母羊12月龄左右,公、母羊初配年龄为18月龄左右,一般利用年限为公羊3~5年,母羊5~7年,发情季节多在5月和10月,发情持续期2~3天,发情周期为17天左右,配种方式为自然交配,公母比例为1:(20~25),平均妊娠期为150天,龙陵黄山羊平均胎产羔率达165%以上,受胎率为85%,经产母羊双羔率为80%,羔羊断奶成活率达90%以上。

八、饲养管理

龙陵黄山羊最普遍的饲养方式是早出晚归的靠天养畜放牧方式,饲养管理水平较低。近年来,随着人工草地建设和种草养畜示范工作的逐年深入,全县龙陵黄山羊的饲养方式已发生了根本性的转变,多数养羊户开始以草定羊、划区轮牧,同时实行公、母分群,至羔羊断奶后与成年羊分群饲养。

1. 羔羊的饲养管理

在羔羊出生后让羔羊及时吃上初乳,对初生时健壮的羔羊一般不用人工辅助,让其自行吸食,而对于初生懦弱、母性不强的羔羊则需人工辅助将母羊固定,把羔羊抱至母羊乳房前,让羔羊吸食初乳,如此反复几次。一般母羊产羔后的一周内,母羊和羔羊均进行圈养,一周后母羊随群放牧,羔羊圈养或放牧在较近的草地内,3周后进行诱食,使其采食适量的人工牧草,至2月龄后逐渐以采食草料为主,至3月龄左右完全断奶,投入育成羊群进行放牧管理。

2. 育成羊的饲养管理

断奶编群后的育成羊,一般采取放牧加补饲的方法进行饲养,而以放牧为主,收牧后补给适量的优质青干草、青贮料及其他农副产品。

3. 成年羊的饲养管理

成年羊的饲养通常以放牧为主,每天上午10:00左右放牧,下午18:30左右收牧,一般每隔7~10天补饲一次食盐,每次按每只羊3~50 g的用量补给。此外,在配种期或配种前一个月加强对配种公羊的营养补充,一般每头补饲混合精料0.5~1.0 kg、鸡蛋1~2个等,母羊则在妊娠后期及哺乳前期补给一定量的混合精料、优质青干草、青贮料和青绿饲料,有条件的地方还实行划区轮牧,做到以草定畜。

九、龙陵黄山羊研究利用现状

龙陵县自20世纪80年代初对该品种进行保种选育,1987年开始进行系统的本品种选育工作。1991—1996年进行龙陵黄山羊良种基地建设,1997—2000年又实施了龙陵黄山羊供种基地续建项目,“八五”“九五”“十五”及“十一五”期间,相继对龙陵黄山羊进行了较为全面的基础研究,目前在龙陵黄山羊选育鉴定、引种适应性、遗传背景、屠宰性能及肉质、疾病防治方面取得较好收效。2001—2002年实施了种草养羊开发项目,建立了勐蚌、乌木山种羊扩繁基地;此外,还制定了龙陵黄山羊养殖综合标准(DB 53/T 142.1～142.6—2005),于2005年10月由云南省质量技术监督局发布实施。该标准主要包括养殖综合标准体系、养殖区划与布局、品种选育、饲草饲料、饲养管理、商品羊等级划分六个部分。

第四节　石屏青绵羊

一、品种简介

石屏青绵羊是云南省特有的珍稀种畜资源。该羊以体躯被毛青色为特征,属于肉毛兼用型地方品种。据记载,石屏青绵羊约有250多年饲养历史,性情温顺,当地人称之为“憨绵羊”。2006年11月遗传资源调查时根据毛色特征命名为石屏青绵羊。该品种于1981年列入《红河州畜禽品种志》,2009年列入《云南省省级畜禽遗传资源保护品种》,2009年7月12日经国家畜禽遗传资源委员会羊专业委员会鉴定通过,2010年1月15日由农业农村部第1325号公告于2011年录入《中国畜禽遗传资源志·羊志》。

二、中心产区及分布

根据2016年遗传资源调查结果显示,石屏青绵羊主产于红河哈尼族彝族自治州石屏县境内龙武镇尼其达村委会发白冲村,龙武镇的坡头甸、普家村,哨冲镇的拖龙黑、小窝塘、高培冲、他克亩村,龙朋镇的桃园八角、大己冲、大峨爽9个自然村均有分布,产区海拔860～2 544 m。

中心产区龙武镇地处石屏县北部,为高原山地,海拔高,分布着大片的高原森林,森林植被茂密,气温低、昼夜温差大、降水丰富、湿度大,无霜期相对较长,立体气候明显,为亚热带气候,平均海拔1 702.1 m,最高海拔2 118.3 m,最低海拔1 845.4 m;境内野生牧草主要以禾本科牧草为主,豆科牧草次之,多为灌木林混杂草场,其余为森林面积,近年来有少部分耕地用作种植多花黑麦草、紫花苜蓿和高丹草等优质牧草,饲草饲料资源较为丰富。这种自然生态条件对石屏青绵羊的风土驯化及品种的形成起到了决定性的作用。

三、体型外貌

石屏青绵羊体格中等,结构匀称,体质结实,近于长方形,头大小适中,额宽,呈三角形,鼻梁隆起,耳小灵活不下垂,眼小有神,公母羊均无须,长短颈粗细适中,无肉垂,胸宽深,背腰平直,后驱稍高,腹平小垂,四肢细长。母羊乳圆小紧凑,公羊睾丸大小适中,左右对称,骨骼粗壮结实,肌肉发育良好;颈背、体侧背毛以青色为主,占85%,棕褐色占15%,背毛油汗适中,平均毛长7.41 cm,白色。

四、生物学特征

石屏青绵羊的适应性较强,在海拔1 500 ~ 2 500 m的地区皆能正常生长繁殖。采食力强、耐粗饲、耐高寒。性情温顺、合群性强,易于管理、放牧,行动灵活,善于爬坡攀岩。一年四季以放牧为主,各种青草、蒿草、树叶均为喜食饲料,极少补饲。

石屏青绵羊的抗病能力强,只要饲养管理得当一般不会发生疾病。但确因饲养管理不善,不重视防疫和驱虫防病,也发生寄生虫病、消化系统疾病、呼吸系统疾病。

五、群体数量

石屏青绵羊20世纪80年代初存栏量为1 422只,20世纪80年代末至90年代初由于市场因素的影响,群体数量大幅下降。近年来,随着人们养羊积极性增强,2009年年底存栏量为3 118只,2010年达3 600只,但其总群体数量仍较少。

六、主要生产性能

石屏青绵羊属于未经选育的原生态羊种,具有较高的屠宰率、净肉率,皮薄,肉色鲜红,肉质细腻,无膻味,味香可口,营养丰富,在生产上具有较好的应用及经济开发利用前景。

2006年在石屏县对农户正常饲养管理条件下的石屏青绵羊进行体重测量,通过测量得出成年公羊、母羊平均体重分别为35.8 kg、33.8 kg。一年剪毛2 ~ 3次,每次公羊平均剪毛0.47 kg,母羊平均剪毛0.32 kg。2007年对3岁以上青绵羊进行屠宰测定,屠宰测定的统计结果显示公羊屠宰率为40.87%,母羊屠宰率为39.6%,肌肉干物质含量为28.34%,粗蛋白含量为24.65%,粗脂肪含量为4.97%。

七、繁殖性能

石屏青绵羊公羊7月龄进入初情期,12 ~ 16月龄达到性成熟,一般18月龄开始用于配种;母羊8月龄进入初情期,12月龄达到性成熟,一般从16月龄开始用于配种。公羊利用年限为3 ~ 4年,长者达6 ~ 7年;母羊利用年限为10年,终生产羔7 ~ 10胎。公母羊混群放牧,自由交配,公母比例为1 : 15左右,发情以夏秋两季较为集中。产羔率为95.8%,羔羊成活率为95.5%,羔羊死亡率为4.5%。母羊发情持续期为1 ~ 2天,发情周期为16 ~ 24天,妊娠期为145 ~ 157天,繁殖率为75%左右,一般一胎羔双羔极少,公母羔羊初生重分别为2.9 kg、2.6 kg,断奶重为10 ~ 16 kg。

八、饲养管理

石屏青绵羊性格温顺,合群性较强,易于饲养管理。该羊全年放牧,一般放牧时间为上午10:00—11:00和下午17:00—18:00,每周喂食盐1次,正常情况下不进行补饲,但2月龄内羔羊、病弱羊不随群放牧,需另外补饲护理。哺乳母羊、羔羊、病弱羊补饲精料、秸秆及少量青草。羊圈多为干燥的传统旧式圈,石屏青绵羊抗病力较强,在春秋两季进行常规防疫注射,一般不发生较大疫病,仅发生一般普通病和寄生虫病。

九、石屏青绵羊研究利用现状

石屏青绵羊目前还未进行生理生化或分子遗传等相关测定,没有提出过保种和利用的计划,也没有建立品种登记制度。

石屏青绵羊是国内独具特色的优良地方品种,但也存在毛产量低、毛短、毛粗、生长发育较慢,屠宰率低,品种内个体生产性能差异较大的缺点。今后应在主产区建设相应的保种区,进行本品种选育,在本品种内建立保种群,合理规划交配制度,提高石屏青绵羊各项生产性能。在不影响保种繁育的前提下,可有计划、有步骤地尝试引入其他绵羊品种进行杂交改良利用,以提高产毛产肉等生产性能,同时采用科学饲养管理,放牧与圈养相结合,改善牧草质量,做好疫病防治。

第五节　马关无角山羊

一、品种简介

马关无角山羊,俗名马羊,属肉用型的地方品种,是我国家畜重要和濒危遗传资源。该品种于1987年列入《云南省家畜家禽品种志》,2009年列入《云南省省级畜禽遗传资源保护名录》,2011年列入《中国畜禽遗传资源志·羊志》。

二、中心产区及分布

马关无角山羊中心产区为文山州马关县。全县大栗树、南捞、古林箐等13个乡(镇)均有分布,其中以马白、八寨、都龙、金厂、仁和等乡(镇)较为集中。中心产区马关县位于文山州南部,一般海拔300~1 700 m。县境内地形复杂,地势西北高东南低,相对高差较大,具有立体气候特征。全县年平均气温14.2~22 ℃,全年无霜期334天,有利于畜禽安全过冬。全年日照辐射有效性高,有利于农作物和各种牧草生长,历年平均降雨量高,雨量充沛,平均降雨天数为186天,全县林地面积占比为32.25%,草山草坡面积占比为16.27%,饲草饲料资源极为丰富。

三、体型外貌

马关无角山羊头较短,母羊额头有“V”字或者“U”字形凸起,公母羊均无角,头部有鬃、头较短、大小适中。两耳向前平伸,颈较长,胸宽深背腰平直,尾短。四肢粗短结实,蹄质坚实,呈黑色。毛色有黑、黑白、麻黄色等。据2006年9月的测定结果,毛色全黑色占66.7%,麻黄色占16.7%,黑白花占10.2%,褐色占6.5%,全白色只占1.8%,全黑色和黑白花色个体较大,麻黄色个体较小,公羊个体较大,母羊个体较小。

四、品种生物学特性

马关无角山羊具有性情温顺、采食快且比较固定、易管理、抗逆性强、繁殖率高、性成熟早、生长快、易肥育、肉质细嫩和膻味小等性能,特别是在无角、多胎性和肉质方面,是山羊珍稀品种资源。

五、群体数量

1982年,马关县马关无角山羊存栏量仅2 364只,占山羊总数的51.74%。据1988年品种资源调查统计,全县山羊存栏为1 470只,马关无角山羊仅剩下100只左右,基本处于灭绝状态。在各级政府和业务部门的扶持下,经过近十年的保种选育工作,饲养规模逐年扩大,通过建立马关无角山羊种羊繁殖场、保种户、养羊重点户等,使山羊生产得到了快速发展,1999年全县山羊存栏量为5 529只,其中马关无角山羊存栏量达2 445只,占山羊存栏量的44.22%。

2000年以来,由于资金投入不足、林畜争地矛盾突出、饲养管理技术没有从根本上提高、政策鼓励不到位等原因的影响,山羊生产又出现了明显下降趋势,2005年马关无角山羊减少到1 347只,下降44.91%,又一次面临灭绝的危险。

六、生产性能

马关无角山羊成年公羊平均体高58.8 cm,体长63.3 cm,胸围81.0 cm,管围9.5 cm,体重39.5 kg;成年母山羊平均体高58.7 cm,体长61.4 cm,胸围75.1 cm,管围8.4 cm,体重33.7 kg。2006年文山州马关县畜牧局对6只公羊、24只母羊进行测定,结果显示公羊屠宰率为56.41,净肉率为68.34%,母羊屠宰率为46.99%,净肉率为666.75%。2007年由云南农业大学云南省动物营养与饲料重点实验室对30份样本的检测结果显示,马关无角山羊肌肉干物质含量为27.6%,粗蛋白含量为22.7%,粗脂肪含量为3.7%。马关无角山羊肌肉中粗蛋白含量高,蛋白质必需氨基酸含量达到或超过理想蛋白质中的含量,脂肪含量低,是较理想的保健肉食品。

七、繁殖性能

马关无角山羊繁殖力高,性成熟较早,母羊3月龄发情,8月龄可以配种产仔,一般利用年限为5~6年;公羊6月龄可配种,一般种公羊利用年限为4~5年。母羊一般1年2胎,每胎2~5羔,双羔及以上占84%,妊娠期150天左右。在自然交配的情况下,公母饲养比例一般为1∶20,母羊春秋两季发情较为明显,羔羊育成率为92.33%。

八、饲养管理

马关无角山羊性情温顺,易管理。成年羊以放牧为主,一般上午11:00放牧,下午

17:00 收牧,收牧后适当补饲精料、青贮饲料等。种公羊和母羊不分群饲养,放牧时由公羊带头。

羔羊 1 月龄前不放牧,专设羔羊隔离圈,羔羊在隔离圈内自由采食灌木嫩叶或紫花苕、青干草等。近年来,饲养户推广种植紫花苕、苜蓿、黑麦草等优质牧草,采用青贮、氨化等技术加工饲草,解决了冬春干枯时期的饲草饲料不足的问题。1 月龄后随母羊放牧于离村较近的牧场,收牧后适当补饲玉米等精料,2 月龄断奶,随成年羊群放牧。

一般选留产双羔以上的小羔羊做种用;种公羊在养殖户中交换配种,并定期驱虫及厩舍消毒,搞好疫病预防工作。

九、马关无角山羊研究利用现状

马关无角山羊目前还未进行过生化或分子遗传测定,该品种目前没有保种场或保护区,但有关部门提出过保护和利用计划。

马关无角山羊是一个优良地方山羊品种,特别是在无角、多胎性和肉质方面,是山羊珍稀品种资源。但目前由于诸多原因,数量严重减少,濒临灭绝,应迅速采取措施,挽救该品种。现阶段工作的重点应放在保种上,采取保种与开发利用相结合的“动态保种”模式,发展扩大种群数量,选择培养纯系,恢复或提高质量,保持和提高该品种的优良特性,加快马关无角山羊的发展。

第六节　兰坪乌骨绵羊

一、品种简介

兰坪乌骨绵羊,原名乌骨羊,是毛肉兼用的地方特色品种,分布于云南省怒江傈僳族自治州兰坪白族普米族自治县。该羊发现于 20 世纪 70 年代,直至 20 世纪 90 年代后期兰坪乌骨绵羊才逐渐引起当地有关部门的重视。1999 年,云南农业大学饲料与营养重点实验室剖检发现乌骨绵羊具有明显的乌骨、乌肉特征。2001 年云南省科技厅立项进行专题研究乌骨绵羊,2009 年兰坪乌骨绵羊列入国家畜禽遗传资源名录,2006 年根据该品种的产区、特点正式定名为兰坪乌骨绵羊,2011 年录入《中国畜禽遗传资源志 · 羊志》。

二、中心产区及分布

兰坪乌骨绵羊的中心产区为怒江州兰坪白族普米族自治县(简称兰坪县)通甸镇龙潭、弩弓、金竹村委会和啦井镇桃树等村委会,兰坪县玉屏山脉均有乌骨绵羊分布。兰坪县地处滇西北高原金沙江、澜沧江、怒江三江并流纵谷区,境内最高海拔4 435.4 m,最低海拔 1 350 m,形成了“一山有四季,十里不同天”的低纬度山地季风气候为主的立体特征,全县山地面积占95%,有效草场面积为 178 001 hm^2,主要草场类型有 7 种。兰坪乌骨绵羊的中心产区为玉屏山脉,海拔在 2 600 ~ 3 200 m,粮食作物以土豆、苦荞、燕麦为主,植被主要有高山草甸、竹类、灌木等。

三、体型外貌

兰坪乌骨绵羊体格中等,体躯丰满,被毛颜色基本分为3种,纯黑色约占30%,纯白色约占35%,其他杂色约占35%,被毛粗短富有光泽。额宽,鼻直,耳小而不下垂。兰坪乌骨绵羊无角的占90%,只有少数公母羊有角,角形呈半螺旋状向两则后弯。颈短无皱褶,鬐甲低小,胸深宽,背腰平直,腹大而不下垂。四肢结实,蹄坚实,呈黑色。尾短而细,呈圆锥形。被毛粗,被毛可制作披毡、垫毡亦可制作地毯,成年公羊体重在48 kg左右,母羊体重在38 kg左右。

通过仔细观察,成年兰坪乌骨绵羊眼结膜呈褐色,腋窝皮肤呈紫色,犬齿和肛门乌黑,解剖后可见骨骼、肌肉、气管、肝、肾、胃网膜、肠系膜和羊皮内层等呈乌黑,甚至分离出的部分羊血清也呈现灰黑色,表现为明显的乌骨乌肉特征。

四、生物学特征

兰坪乌骨绵羊的适应性较强,在海拔800~3 200 m的地区都能正常繁殖生长。兰坪乌骨绵羊具有采食能力强,耐粗饲,合群性强,易管理。在春、夏、秋季以放牧为主,冬季多为舍饲与放牧相结合,并补喂土豆、苦荞、燕麦以及农作物秸秆。兰坪乌骨绵羊的抗病力强,一般很少发生疾病。

五、群体数量

根据2006年的遗传资源调查结果,云南省共有兰坪乌骨绵羊2 041只,其中公羊453只、能繁母羊1 588只。2012年乌骨绵羊存栏量为8 000多只,2010年兰坪乌骨绵羊发展到3 000余只,2016年兰坪乌骨绵羊存栏量为4 210只,其中母羊存栏量为3 289只,公羊为134只。

六、生产性能

兰坪乌骨绵羊1年剪毛2次,每次公羊产毛1 kg,母羊产毛0.7 kg。成年体重公羊约为50 kg,母羊约为42 kg;屠宰率成年公羊为43%,母羊为41%,根据2007年兰坪县农业农村局对15只成年公、母羊进行的屠宰检测结果显示,兰坪乌骨绵羊公羊净肉率高达40.3%,母羊净肉率高达37.0%。

七、繁殖性能

兰坪乌骨绵羊公羊8月龄性成熟,母羊7月龄性成熟;公羊初配年龄为13月龄,母羊初配年龄为12月龄,产羔率为98%左右;发情周期为15~19天;繁殖季节多在秋季;妊娠期5个月;大部分母羊2年3胎,羔羊出生重为2.2~3 kg,6月龄重为15~22 kg;羔羊成活率约为95%,死亡率约为5%,异地饲养成活率为90%以上。

八、饲养管理

兰坪乌骨绵羊性情温顺,易于管理,以天然牧养为主,牧场植被主要为高山草甸草场、竹类、灌木、云南松、刺栗、林间草场，牧场水源为山林间的小泉。在春、夏、秋季以放牧为主，每日放牧 10 h 左右，每周补饲 1 ~ 2 次食盐水，对老弱及妊娠母羊，补给少量土豆、苦荞、燕麦等精饲料。

九、兰坪乌骨绵羊研究利用现状

兰坪乌骨绵羊属地方保护品种，建立了保种户，加强了本品种选育，种群体质和生产性能有明显提高。兰坪县农业农村局一直从事该羊的保种育种工作，兰坪县的弩弓、龙潭两地为兰坪乌骨绵羊保护区，禁止外血引入，每两年在地区间交换种公羊。通过多年的努力，兰坪乌骨绵羊的乌质性状得到了稳定遗传。

兰坪乌骨绵羊为世界唯一呈乌骨、乌肉的哺乳动物，从兰坪乌骨绵羊中提取的黑色素的红外光谱与乌骨鸡相同。因此，兰坪乌骨绵羊可能和乌骨鸡一样，可以作为天然黑色素资源，具有潜在的开发价值。黑色素是一类大分子生物多聚体，具有光保护和体外抗病毒作用，在医药、保健和化妆品行业有广阔的应用前景。

第七节　弥勒红骨山羊

一、品种概述

弥勒红骨山羊属于地方稀有乳肉兼用型山羊品种，最早发现于 20 世纪 80 年代初，当时以为骨头呈粉红色只是病理变化，因大栗、旧城、新寨和舍木的居民习惯各占一片山场放牧并在本群中选留种羊，使得这一变异种群得以近亲选育、不断纯化，并且得到保留。20 世纪 90 年代，弥勒红骨山羊才慢慢被众人知晓。2010 年弥勒红骨山羊被列入《云南省省级畜禽遗传资源保护品种》，2011 年录入《中国畜禽遗传资源志 · 羊志》。

二、中心产区及分布

弥勒红骨山羊中心产区为弥勒县东山镇旧城村委会旧城村，产区多灌木丛林。弥东公路大栗村委会至东山镇公路沿线的大杨柳、小杨柳、旧城、新寨等自然村均有分布。

东山镇位于弥勒县东部，面积为 368 km^2，森林覆盖率达到 55%，海拔 867 ~ 2 315 m，具有典型的立体高原季风气候，年均气温为 12.8 ℃，年降雨量 1 100 ~ 1 200 mm；冬春干燥，夏秋湿润，早春和秋冬多雾而寒冷，东山镇海拔高、气温低、昼夜温差大、湿度大，森林植被茂密，主要牧草为黄背草、扭黄茅、旱茅、龙须草、白皮草等，适合山羊采食的各种饲料资源较为丰富。这种自然生态条件对弥勒红骨羊的风土驯化及品种的形成起到了决定性的作用。

三、体型外貌

弥勒红骨山羊骨架中等、骨骼粗壮结实、体格适中、结构匀称、体躯丰满，近于长方形，少部分呈方形。头短而窄，额稍外凸，呈楔形；鼻梁平直、鼻孔大；耳小而平，眼大有神；公母羊普遍有髯、有角，角稍粗，角形大部分为倒“八”字，多为黑色，少部分为黄色。颈短无皱褶。胸宽深,背腰直,尻平宽,腹大不下垂;四肢骨骼粗壮结实,姿势端正,蹄圆小,蹄质坚硬结实,多呈黑色,少量黄色;尾短小而细。

弥勒红骨山羊被毛颜色以黄色为主,体躯被毛黄色的占80%,黑色的占15%,黄、黑、灰白混杂的占5%。被毛密实有光泽,皮薄而软,皮肤颜色为白色。主要特征是骨头呈鲜红色或粉红色,与普通山羊相比较齿龈和牙齿较普通山羊偏红。

四、群体数量

20世纪80年代初东山镇弥勒红骨山羊存栏量为861只。近年来,由于独特的红骨性状,群体数量迅速发展。2009年6月共存栏3 169只,其中成年公羊143只、成年母羊1 780只。据2012年统计结果,目前存栏4 216只,能繁母羊2 044只,种公羊92只,羯羊、羔羊、不能繁殖母羊共计2 080只。

五、生物学特征

弥勒红骨山羊的适应性较强,海拔800~2 500 m的坝区、半山区、高寒山区均能正常生长繁殖。弥勒红骨山羊的采食能力强,合群性强,耐粗饲,勇敢,喜攀登,各种灌木树叶、青草、蒿草均可采食。弥勒红骨山羊的抗病能力强,只要饲养管理得当,一般不会发生疾病。如果因饲养管理不善,不重视防疫和驱虫防病,也发生寄生虫病、消化系统疾病、呼吸系统疾病。

六、生产性能

弥勒红骨山羊体型大,成年公母羊体重65~88 kg;产肉多,根据对328只羊进行的统计发现,1、2、3岁龄的母羊和公羊的平均体重分别为20.55 kg、32.25 kg、31.50 kg和56.44 kg、41.08 kg、78.56 kg;肉质好,肉质细嫩、口感鲜香、膻味小;微量元素含量高,据检测结果,微量元素锶和锌的含量是普通山羊的4~6倍。3岁以上公羊、母羊的屠宰率分别为36.89%、48.78%,净肉率分别为28.87%、38.18%。

七、繁殖性能

弥勒红骨山羊性成熟早,母羊100日龄左右、体重约10 kg时发情即可配种,利用年限为11~12年;公羊150日龄左右可配种,利用年限一般为3~4年;母羊终生产羔10~11胎,一般年产1胎,双羔率为50%左右。公母羊混群放牧,自由交配,公母比例为1∶20。四季发情,秋季较为集中。母羊发情持续期为1~2天,发情周期为17~20天,妊娠期为150天,公、母羔初生重分别为2.8 kg和2.5 kg,断奶体重公、母羔分别为16 kg和14 kg左右。

八、饲养管理

弥勒红骨山羊性格活泼、勇敢,合群性较强,易于饲养管理。饲养管理水平较为粗放,一年四季以放牧为主,冬季天气寒冷时舍饲与放牧相结合,晚上舍饲补喂各种农作物秸秆,冬春枯草季节添加少量精料,每周喂盐一次。半月龄以内羔羊、病弱羊隔离舍饲,其余羊混杂放牧，哺乳期母羊除放牧外，有时隔离舍饲补饲少量精料。

弥勒红骨山羊适应性、抗逆性、抗病力较强，耐热、耐寒、耐高海拔、耐粗饲。春秋两季进行免疫注射，未发生过较大疫病，一般仅发生普通病及寄生虫病。

九、弥勒红骨山羊研究利用现状

弥勒红骨山羊是云南独有的品种资源，其红色骨骼典型性状具有较高的科研价值及经济价值。弥勒红骨山羊数量较少，长期以来进行闭锁繁育，近交固定了优良性状，保持和增加了优良个体的血统，但也存在数量较少，处于濒临灭绝状态，未进行有计划的选育，开发利用不足。

在今后研究、开发和利用方面，一是通过对弥勒红骨山羊生长过程中骨矿元素沉积及其调节因子、相关基因的代谢规律进行生理生化分析、分子遗传学测定等，进一步研究弥勒红骨山羊红色骨骼性状产生的原因，研究开发弥勒红骨山羊特殊的利用价值；二是有计划地开展本品种选育，为进一步开发利用奠定基础。

第八节　宁蒗黑头山羊

一、品种简介

宁蒗黑头山羊是云南省丽江市珍贵的地方山羊遗传资源，属以产肉为主的山羊品种。据《宁蒗彝族自治县志》记载，清乾隆年间，由四川省凉山州远迁至宁蒗，随后在漫长的历史过程中有意识地选留黑头山羊做种用，逐步形成了体型外貌一致的宁蒗黑头山羊。

在“九五”期间，宁蒗黑头山羊被指定用于云南省山羊改良的地方良种，并实施了供种基地项目建设。宁蒗黑头山羊 2009 年列入《云南省省级畜禽遗传资源保护名录》，2009 年被列入《国家畜禽遗传资源名录》，2011 年录入《中国畜禽遗传资源志 · 羊志》。

二、中心产区及分布

宁蒗黑头山羊主产于云南省丽江市宁蒗县，以宁蒗县蝉战河乡的蝉战河村委会和三股水村委会较为集中，全县 15 个乡（镇）均有分布，玉龙县、古城区、永胜县、华坪县有零星分布。

宁蒗黑头山羊产地宁蒗彝族自治县地处云南省西北部，最低海拔 1 350 m，最高海拔 4 510 m，是云南省典型的高寒山区县。宁蒗县气候属低纬高原季风气候区，具有暖温带山地季风气候的特点。干湿分明，雨热同季，四季不明，具有“一山有四季，十里不同天”的垂直立体气候特征。宁蒗县水资源较为丰富，水质良好，可利用草地面积占全县土地面积的 44.59%；草场饲用植物丰富，种类繁多，生长茂盛，牧草以禾本科、菊科、豆科、莎草科、蓼科、伞形科等为主，均是羊的好饲草。

三、外貌特征

宁蒗黑头山羊骨架中等，体躯近似长方形，肌肉丰满。头大小适中，呈楔状，额平宽，鼻平直，耳大前伸，灵活；有角占80%，无角占20%，角形向外扭转1~2道呈倒“八”字形；公羊颈粗短，母羊颈长而粗，体躯呈长方形，鬐甲高而稍宽，胸宽深，背腰平宽直，腹部适中，前躯稍低，后躯稍高，头颈结合良好，四肢粗壮结实。尾短而细。头颈至肩胛前缘为黑色被毛（部分面部有白花楔形花纹），前肢至肘关节以下，后肢至膝关节下为黑色短毛，身躯为白色，尾为白色。额下有长须，被毛致密而长，无绒毛，皮肤呈白色，皮中等厚度富有弹性。

四、群体数量

宁蒗黑头山羊为地方优良品种之一，经近十年的保种选育后，其饲养规模逐年扩大，存栏量从1989年的18 376只增加到2005年的34 317只，在15年的时间里增长了86.75%。根据调查统计，2010年宁蒗黑头山羊存栏量为2.86万只，大幅度增加。近年来，由于受外界山羊血液的入侵及羊群的出售，宁蒗黑头山羊全县存栏数量有所减少，2011年全县存栏27 654只，占全县山羊存栏量的14%；2012年全县存栏量为23 618只，占全县山羊存栏量的10%。

五、生物学特征

宁蒗黑头山羊可适应1 350~3 160 m的丘陵与山区，喜攀岩，耐粗饲，采食性能强，性情温顺，抗病力强，耐粗饲。

六、生产性能

根据2006年对15只12月龄以上的黑头山羊公羊和母羊的屠宰测定，成年公羊体重为41.8 kg、屠宰率为48%、净肉率为35%，成年母羊平均体重为37.5 kg，屠宰率为45.18%，净肉率为31.64%，板皮平均厚度为2.65 mm。根据2007年云南农业大学动物营养与饲料重点实验室对常规成分检测分析，宁蒗黑头山羊公羊、母羊肌肉干物质含量分别为23.77%、24.43%，公羊、母羊肉中粗蛋白含量分别为22.12%、22.41%，粗脂肪含量较低。

七、繁殖性能

宁蒗黑头山羊公羊6~7月龄达到性成熟，12月龄开始配种，2~4岁为最佳配种时间，自然交配比例为1∶(20~25)，种公羊使用年限为4~5年，寿命在10年左右。母羊的初情期在6月龄左右，12月龄开始配种，3~5岁为配种最旺盛期，母羊利用年限为5~6年，寿命可达12年。母羊全年发情，但高峰期为春秋两季，发情周期为20~22天，发情持续期为2~3天，发情表现明显。妊娠期为140~150天。一般一年一胎，部分一年产两胎，双羔率为31.20%，繁殖率为121%。羔羊初生重公羊为(2.30±0.62)kg，母羊为(2.10±0.58)kg，哺乳期日增重公羔为115 g，母羔为102 g。

八、饲养管理

宁蒗黑头山羊适应性强，抗病性强，耐粗饲，性情温顺，易饲养管理。饲养管理方式较为粗放,四季均以放牧为主。公母羊混群饲养,群体规模为 20 ~40 只,每天放牧 7 ~10 h,白天放牧,夜间关厩,每月喂盐 1 ~2 次。在冬春季节及雨雪天气不能放牧的情况下,对老弱羊只、妊娠及哺乳母羊补给适量土豆、荞麦、燕麦、玉米等饲料。羔羊 1 月龄前不放牧,在羊群收牧后哺乳,1 月龄后随母羊放牧,一般 4 月龄断奶,对体质差的适当延迟一些。

自实施宁蒗黑头山羊供种基地项目建设以来,推行人工种草、青贮氨化、厩舍改造,羊群冬春补饲,母羊妊娠期、哺乳期,公羊配种期及羔羊进行补饲;核心种羊场种公羊和母羊分开放牧饲养;加强疫病防治,驱治体内外寄生虫。补饲采用青贮料+青干草+秸秆+精料,改变了过去不补饲的饲养方式。

九、宁蒗黑头山羊研究利用现状

宁蒗黑头山羊属地方肉皮兼用品种,尚未进行生化或分子遗传技术手段等测定研究。宁蒗黑头山羊于 1997 年建立了品种登记制度,同年,宁蒗县被列为宁蒗黑头山羊供种基地,在蝉战河乡建立供种基地,在核心种羊场及农户中初步收集了系谱资料并进行了种羊登记,推广科学养羊实用技术。通过选育、提纯复壮,提高了产羔率和繁殖成活率,体型外貌基本趋于一致。经近十年的保种选育,供种基地饲养规模逐年扩大。

宁蒗黑头山羊具有肉用和皮用的巨大潜力,今后应加强选育,提高生长发育速度和板皮质量。

第九节　威信白山羊

一、品种简介

威信白山羊是肉皮兼用型地方品种,产于昭通市威信县,系 1997 年云南省畜禽品种资源补充调查时发现的 7 个畜禽新品种之一, 2004 年正式定名为威信白山羊。该品种于 2009 年 6 月列入《云南省省级畜禽遗传资源保护名录》,2015 年 1 月列入《云南省畜禽遗传资源志》。

二、中心产区及分布

威信白山羊原产于云南省昭通市威信县,以威信县双河苗族彝族乡茨竹坝村为中心,主要分布在威信县扎西、高田、双河、罗布、麟凤等 5 个乡镇 17 个村。

威信白山羊产地威信县位于云南省东北部,昭通市东北角,地势为高山坡地,最高海拔 1 902 m,最低海拔 480 m。该县气候特点是阴雨、高湿、日照少,旱、雨季不分明。相对湿度为 84% ~89% ,无霜期为 290 天,水资源丰富,水质优良,草地面积广阔,产区林草丰茂,四季常绿,森林覆盖率达 45.6% ,有树木 583 种,可食野生牧草、灌木约 200 种。威信白山羊饲料以当地农作物产品及其加工副产物玉米糠、米糠、麦麸、豆渣、酒糟、油饼等为主。青绿多汁饲料主要有红苕、马铃薯、南瓜、白菜、青菜、萝卜菜、莲花白、牛皮菜及薯叶、瓜叶。根据抽样调查,当地直接用作精料的粮食占粮食总量的 33% ,其中玉米饲料占玉米总产量的 43% ,饲料粮食中猪用饲料占 74% ,大牲畜饲料占 15% ,禽饲料占 11% 。

三、体型外貌

威信白山羊骨架中等,体格清秀,体躯近似长方形,体质结实,结构紧密,肌肉丰满。头中等大小,额平,鼻平直略隆起,脸面直,颌下有长须,公羊尤长;有角占90%,角形向外扭转呈倒“八”字形,无角占10%;耳直立,大小适中,少部分下垂;颈细长无褶皱,公羊颈粗短,母羊颈稍长稍粗;鬐甲高而稍宽,胸部宽深,前胸发达,肋开张拱起,背腰平直,尻部略斜;头、颈、肩、背、腰、尻结合良好,尾基适中;四肢端正细长而结实,关节肌腱发育良好;尾部肥厚,基部宽大,尾较短而细;系、蹄部质地坚实,形正;母羊乳房紧凑,发育良好;公羊睾丸大,左右对称。全身被毛多系全白,少量浅黄褐色,毛丛致密,长、短毛均有,少绒毛;皮肤呈白色,皮中等厚而富弹性。

四、群体数量

1986年威信白山羊存栏量为1 830只,1996年存栏量为3 275只,近年来,威信白山羊的数量稳步增长,2005年末威信白山羊总存栏量为4 870只,其中能繁母羊2 619只,种公羊370只。到2015年威信白山羊总存栏量为6 812只,其中能繁母羊3 658只,后备公羊228只,能繁母羊占全群比例为53.7%,公母比例为1∶17.2。

五、生物学特性

威信白山羊适应性较强、抗病力强、耐粗饲,性情温顺,合群性强,易放牧。威信白山羊善攀延,在陡峭的山岩上亦能采食,喜采食各种灌木林枝叶、鲜竹叶、青草等。

六、生产性能

根据2006年的测定结果,成年威信白山羊公羊屠宰率为55.78%,净肉率为40.94%;成年母羊屠宰率为52.77%,净肉率为39.01%。威信白山羊成年公羊体重为41.4 kg,成年母羊体重为38.7 kg。该羊早期生长较为迅速,生长性能良好,周岁母羊达成年母羊体重的70.89%。

七、繁殖性能

威信白山羊一般在5月龄时即出现性行为,公羊初配年龄8~10月龄,母羊初配年龄为10~12月龄,母羊3~5岁为配种旺盛期。公、母羊利用年限为5~7年,长者达9年。长年发情,但多集中在8~10月配种,秋配春生。母羊发情明显、集中,一般一年一胎。母羊发情周期为15~23天,持续期为2~4天,产后60天可再次发情。妊娠期为142~161天,平均152天。产羔率为160%,羔羊成活率为95%。据统计,羔羊出生重公单羔为2.82 kg,母单羔为1.93 kg,公双羔为2.31 kg,母双羔为1.45 kg。羔羊断奶体重4月龄断奶单羔公羊为11.5 kg,单羔母羊为12 kg,双羔公羊为8.5 kg,双羔母羊为10.5 kg,哺乳期日增重为60~78 g。

八、饲养管理

威信白山羊饲养管理粗放，过去终年以放牧为主，每天放牧5～8 h，公母混群放牧，每群20～50只不等；夜间关厩积肥，每月喂盐2～3次。仅在外界环境恶劣而不宜放牧时才补喂少量饲草，即使种公羊或妊娠哺乳母羊均无须特殊补饲；少量专业养殖户采用全年圈养，适当添加精青料。

近几年，由于诸多原因威信白山羊基本上转为圈养，通过人力刈割饲草饲喂羊群，适当补饲精料。羔羊在哺乳前期主要依赖母乳获取营养，羔羊出生后7～10天跟随母羊放牧或采食饲料，4～6月龄断奶。将大豆、蚕豆、豌豆等炒熟，粉碎后撒于饲槽内对羔羊进行早期诱食和补饲，初期每只羔羊每天喂10～50 g，待羔羊习惯以后逐渐增加补喂量。羔羊补饲一般单独进行，当羔羊的采食量达到100 g左右时，用自配混合精料进行补饲。到哺乳后期，适当补饲自配混合精料；优质青草投在草架上任其自由采食，以禾本科和豆科青干草为主。

威信白山羊成年羊和空怀母羊一般不补饲，带仔母羊每天补0.2～0.5 kg混合精料或0.5～1.0 kg优质干草。育成羊前期(4～8月龄)羔羊每天通常补饲0.5～1.0 kg精料，任其自由采食优质干草。玉米等高能饲料的用量为35%～45%。在放牧草场缺少的地方和专业养羊生产上有养殖户使用“精料+秸秆”饲养的育肥方法，饲料由青粗饲料、农副业加工副产品和各种精料组成，如干草、青草、树叶、作物秸秆、糠、糟、油饼、食品加工糟渣等，育肥初期青粗秸秆类饲料占日粮的60%～70%，精料占30%～40%，后期精料逐渐提高到60%～70%。秸秆饲料普遍都进行氨化或青贮处理，青贮饲料一般用苕藤、玉米等。青粗饲料基本上任羊自由采食，混合精料分为上、下午两次补饲。

九、威信白山羊的研究利用现状

威信白山羊尚未建立品种登记制度，未进行过生理生化或分子遗传技术手段等测定研究。曾由云南省威信县畜牧技术推广站提出过保种和利用计划，并由威信县畜牧技术推广站于2004年在双河乡茨竹坝和甘沟建立一个保种群开展本品种选育、登记。由于威信白山羊具有较好的产肉能力，今后应做好发展规划，扩大并抓好核心群本品种选育工作，加快种羊繁育步伐，增加核心群母羊数量，在此基础上，进一步开展肉用性能的研究与开发利用，不断提高生产性能，扩大基础群体数量。

第十节　云南省地方羊品种的保护与利用

随着世界物种资源多样性越来越贫乏，一些优良土著品种的优良特性为人们所认识，世界各国及国际组织对土著品种资源的重视程度也在日益提高。

一、云南省羊品种资源保护及利用的基本情况

据20世纪80年代初的云南省畜禽品种资源调查，云南省共有畜禽品种172个，其中猪32个，马驴17个，黄牛21个，奶牛2个，水牛14个，其他牛2个，山羊22个，绵羊15

个,家禽43个,兔4个。经分类归并,列入《云南省畜禽品种志》的有45个品种。

近几年来,云南羊存栏数位于全国第10～11位,其中山羊存栏数位于全国第5位。云南省的羊存栏中90%左右为山羊,据《中国畜牧业年鉴》统计资料显示,云南省地方羊品种具有肉质好、耐粗放饲养管理、适应性好、抗逆性强、地方类群多样化、系统选育程度低等特点,是云南畜禽良种繁育体系建设和发展特色畜牧业的种质基础。自1980年畜禽品种资源调查后,从1986年以来,由云南省政府拨出专款,在各级有关部门的大力支持和帮助下,对云南省的龙陵黄山羊、云岭黑山羊、宁蒗黑头山羊、石林圭山山羊等地方羊品种开展了保护选育和开发利用工作,并已初见成效,云南省一些濒危的品种得到保护,如龙陵黄山羊已渡过难关,进入大规模的开发利用阶段,一些种质退化的品种经过选育后性能逐步得到提高,种群规模和数量逐年增加。

二、云南省羊品种资源保护及利用的初步成果

这几年,云南省畜禽品种资源保护及开发利用有了较快的发展,主要工作如下。

1. 政策支持畜禽品种资源保护工作

云南省十分重视畜禽品种资源保护选育及开发利用工作,云南省政府要求大力发展云南特色畜产品,结合云南省资源优势和旅游业发展的需要,重点保护和发展云岭黑山羊、圭山山羊、宁蒗黑山羊、龙陵黄山羊、马关无角山羊等优势品种,省财政畜禽品种资源保护专项事业经费逐年增加,从保护选育开始时的1986年的10万元,增加为每年20万元。

云南省畜禽品种资源保护选育及开发利用工作坚持保护、选育、利用相结合,以利用促选育、以选育促保护的工作方针,采取保护区、种畜禽场保种与群众保种相结合的方法,因地制宜、突出重点,划分为三个不同层次开展工作:一是对于濒危品种,工作重点是组建群体、发展数量;二是对血液混杂、品质下降的品种,工作的主要方向是在种质测定的基础上,提纯复壮、选育提高、加以推广利用;三是对于品质较纯而系统选育较差的品种,如云岭黑山羊、龙陵黄山羊等,工作重点是根据其特点提出选育方案,进行品种繁育,在不断提高其生产性能的基础上,积极加以推广利用。云南省先后在地方畜禽品种资源集中的产区建立了24个保种场和保种点,扶持了一批保种农户。

2. 巩固羊品种资源选育的基础建设及应用研究

云南羊品种资源的保护选育和开发利用必须依靠科技进步,近十年来云南省十分重视畜禽品种资源保护选育的基础及应用研究工作,先后开展了“云岭黑山羊选育及生产配套技术研究”“弥勒红骨山羊重复超数排卵及胚胎移植研究等课题和项目的研究”“兰坪乌骨绵羊及其黑色素的研究”“云南黑山羊新品种和龙陵黄山羊高繁基因的研究”等。另外,由中国科学院昆明动物研究所和云南有关教学、科研及技术推广部门合作进行的“云南主要畜禽和野生近缘种遗传多样性及种质资源的保存和利用研究”对云南省5个品种绵羊、4个品种山羊通过染色体分析(G带、C带和NORs带等)、血液蛋白质多态和mtDNA多态分析技术进行了研究,对这些品种的起源、分化和现行的遗传多样性状态有了一些初步的了解。

3. 保护和利用相结合,开发畜禽品种资源

云南省把畜禽品种资源的保护与开发利用有机地结合起来,在用市场经济和发展的眼光进行保种工作的同时,对这些宝贵的资源积极开发利用,走向市场。“九五”期间云南省制定政策、增加投入,加大畜禽品种资源的保护选育及开发利用的工作力度,在积极开展地方良种保护选育工作的基础上,加快了羊品种资源的开发利用步伐,投资建设了羊品种资源保种基地,建设完善了羊品种资源保种场,即龙陵黄山羊供种基地、宁蒗黑头山羊供种基地,以及云岭黑山羊、威信白山羊保种场。云岭黑山羊通过保护选育,市场前景看好,是云南外输畜产品的主要畜种之一,每年向广东、福建、湖南等省输出50多万只。

4. 注重地方畜禽品种资源的动态监测和调查

云南省在20世纪80年代初期曾对全省畜禽品种资源进行过调查,根据全国畜牧兽医总站布置,云南省从1995—1997年开展了畜禽品种资源的补充调查工作,基本摸清了全省品种资源现状,20世纪80年代初期威信白山羊列入地方品种志。

三、云南省羊品种资源保护选育面临的主要问题

云南省在畜禽品种资源保护选育及开发利用方面虽然做了一些工作,但在工作中也存在和面临着一些问题。一是对畜禽品种质资源保护的重要性认识不足,法制宣传力度较弱(远不如对保护野生动植物重要性的宣传);二是缺乏明确的保种目标和保种规划,目前进行的品种保护都只是小群体的保存,而具体需要保护哪些有用的遗传基因和性状并不明确;三是保种方法单一,投入较少,收效不大;四是无计划地杂交,盲目引种,品种多乱杂问题比较突出,除少数边远山区外,在城郊或交通沿线已难找到纯血地方猪种,这是近年来云南省一些地方品种迅速减少和濒危的主要原因;五是缺乏专门的保种机构和体外保存及检测设备,长期以来以活体保存为主,成本高,难管理;六是,开发利用力度低,特别是对保种工作的政策性研究不够,缺乏一套行之有效的管理和奖惩办法,对羊品种资源保护的重要性尚未形成社会共识。

四、云南省地方羊品种资源保护规划的原则和目标

1. 保护原则

实施重点保护、保护区和重点保护场点相结合、保护区与重点保种户相结合、保护与开发利用相结合、多部门联合保种的保护原则。

(1)重点保护原则。重点保护好以下羊品种:云岭黑山羊、宁蒗黑头山羊、龙陵黄山羊、石林圭山山羊。

(2)保护区和重点保护场点相结合的原则。保种场点所能保存的个体数量必定是非常有限的,要将一个品种较为有效地保存下去,仅靠保种场点是远远不够的,因此,需要从政策上和行政上划定保护区,使保护区与保种场点在技术上进行有机结合,有计划地进行优秀种用个体的交换和交流。

(3)保护区与重点保种户相结合的原则。在划定的保护区内,有针对性地选择部分科技意识强、具有丰富的饲养管理经验的农户作为保种重点户进行适当的扶持,以扩大有

效保护群体。

(4)保护与开发利用相结合的原则。保护是前提,可持续利用是保护的目的,通过有计划的开发利用,以用促保,以保供用。

(5)多部门联合保种的保护原则。充分发挥和利用教学和科研部门所拥有的科技优势和设备优势,进行多部门、多学科、多种形式的联合保种工作。

2. 保护目标

在已有的工作成果基础上,通过总结经验,深入开展所保护云南地方特色羊品种的种质特性和遗传多样性研究,并根据研究成果进行合并归类,同时开展资源保护的生物技术研究,即建立主要畜禽品种资源的原产地、异地、活体、冷冻、细胞、胚胎保存等不同方式的保护体系。建立畜禽品种资源的开发利用创新体系,促进畜禽品种资源的社会化利用。

五、云南省地方羊品种资源重点保护措施

根据云南省特定的地理和生态环境及畜禽品种资源分布特点,划定不同的畜禽品种资源保护区域,将适应不同地区的畜禽品种资源集中在保种区内进行保种。保种区内严格控制引入外来畜禽品种,并不断补充新发现畜禽品种,实施保护区和重点保护场点相结合、保护区与重点保种户相结合的原则。

(1)怒江州可作为重要的保种点,以保存适应高寒地区的特异羊品种资源,如宁蒗黑山羊、独龙牛等。

(2)建立滇中亚热带保护区,重点对云岭黑山羊、圭山山羊、龙陵黄山羊等进行保护。

(3)完善云岭黑山羊保种场,组建完善核心群,饲养能繁母羊 250 只以上及相应的公羊,保存家系数达到 6 个以上。

(4)完善宁蒗黑头山羊保种场,饲养能繁母羊 120 只以上及相应的公羊,保存家系数达到 5 个以上。

(5)建立地方品种资源监测和基因保存中心。通过建立现代信息网络,对地方羊品种资源进行跟踪,对群体变化动态进行监测,建立全省地方畜禽品种资源动态信息数据库。根据变化动态,如有必要,可在基因保存中心对某些濒危品种进行细胞、胚胎等体外保存,进行小群继代保存的特殊保种方法。主要建设内容是实验室改造、计算机信息网络建设、仪器设备和冷冻保存设备的购买等。

第八章　云南省特色畜禽资源——禽

云南省是一个低纬高原山区省份，海拔高差大，海拔76.4～6 740 m，对光、热、水等气候要素起巨大的再分配作用。养殖业的环境条件十分复杂，明显表现为水平地域差异和垂直地带上的差异，也形成了云南省独特的立体气候特征和具有由热带到温带的地带变化特点。这些特殊生态条件和地理环境类型及居住的26个民族长期养殖风俗习惯的不同，使云南省形成了各具特色、丰富多彩的畜禽品种资源。

第一节　茶　花　鸡

一、品种简介

茶花鸡是西双版纳傣族自治州（简称西双版纳州）独有的、适应性较强的小型鸡种，是在西双版纳湿润多雨、终年温暖的热带季风气候条件下经当地少数民族群众从原始森林中的红色野鸡（原始鸡种）长期驯养培育成为家鸡而形成的具有观赏价值的地方鸡种。茶花鸡属于兼用型地方品种，是云南省"六大名鸡"之一。

茶花鸡1987年录入《云南省家畜家禽品种志》，1989年录入《中国家禽品种志》，2000年列入《国家级畜禽品种资源保护名录》，2009年列入《云南省省级畜禽遗传资源保护名录》，2011年录入《中国畜禽遗传资源志·家禽志》，2014年列入《国家级畜禽遗传资源保护名录》。

二、中心产区及分布

茶花鸡主要分布于西双版纳傣族自治州的景洪市、勐海县、勐腊县境内，中心产区为打洛镇、勐棒镇、勐仑镇、勐罕镇、嘎洒镇、大勐龙镇等，普洱市、临沧市及德宏、红河和文山3个自治州有少量分布。茶花鸡主产于云南省，为国家二级保护动物。

三、体型外貌

茶花鸡体型矮小，近似船形，好斗性强。头部清秀，大多数为红色单冠，少数为豆冠和羽冠。喙黑色，少数为黑色带黄色。虹彩黄色居多，也有褐色和灰色。肉垂红色。皮肤白色者多，少数浅黄色。胫、脚黑色，少数黑色带黄色。公鸡羽毛除翼羽、主尾羽、镰羽为黑色或黑色镶边外，全身其余部分为红色，梳羽、蓑羽还有鲜艳光泽。母鸡除翼羽、尾羽多数是黑色外，全身其余羽毛呈麻褐色。

四、群体数量

根据相关调查，2016年，西双版纳州家禽出笼425万羽，其中茶花鸡55万羽，市场占有率为 12.9%，占比较小。

五、主要生产性能

成年茶花鸡体重公鸡为 1 190 g，母鸡为 1 000 g。180 日龄屠宰半净膛率公鸡为 75.6%，母鸡为 75.5%；全净膛率公鸡为 70.4%，母鸡为 70.1%。开产日龄 180 天，年产蛋 70～130 枚，平均单枚蛋重 38 g，蛋壳呈浅褐色。茶花鸡食性杂，吃米糠、麦麸、各种蔬菜、稻谷、高粱、玉米、蝇蛆等。

六、生物学特性

茶花鸡的适应性较强，在海拔 500～2 000 m 的地区皆能正常生长繁殖。茶花鸡的采食能力强，耐粗饲，各种植物的果实、种子、嫩竹子、树叶、各种野花瓣、白蚁、白蚁卵、蠕虫、幼蛾等为茶花鸡喜爱的饲料。茶花鸡性情活泼、机灵胆小、好斗性强、能飞善跑，常结群活动，饲养、管理极为粗放，多无补饲习惯，夜间栖息于畜圈梁架之上，露宿于宅旁树林，完全按野生、生态放养的方式养殖茶花鸡。

茶花鸡的抗病能力强，只要饲养管理得当，一般不会发生疾病。但确因饲养管理不善，不重视防疫和驱虫防病，也发生寄生虫病、消化系统疾病、呼吸系统疾病，比如新城疫、法氏囊、禽霍乱、传染性喉气管炎、马立克氏病、鸡白痢、球虫病等。

七、饲养管理

茶花鸡觅食性强，耐粗放饲养，抗病力强，易饲养，无特殊的饲养要求，可根据不同地区采取不同的饲养方式，农村多采用半舍饲半放养方式；林木灌丛、场地宽阔的地方食料丰富，每天清晨可以赶鸡出舍，自由觅食，或早上离舍前给予少量玉米粒。

八、品种保护与研究利用现状

对茶花鸡的研究在血型及蛋白质多态性、微卫星 DNA 标记多态性、肌肉品质等方面已取得优异的成果。

西双版纳州于 1986 年开始建立茶花鸡保种群，1999 年在景洪市嘎洒镇建立了茶花鸡原种保种场。主要采取群体选择与家系选择相结合的方式进行选育，群体选择主要侧重于外貌选择。家系选择是根据茶花鸡的特点，按照产蛋量高、蛋重大、生长速度快、蛋肉品质优良的要求组成封闭群和若干个家系，开展家系选择，测定生产性能，在平均数以上的予以留种，实行小群家系闭锁选育，严格避免近亲交配。目前，保种场已拥有核心原种鸡群 20 个家系 1 100 多只，父母代种鸡 1 万多只，商品鸡生产规模达到 50 万只，有潜在生产能力的为 100 万只；同时建立了 20 个生态保种村，发展了一批规模养殖户，未来对茶花鸡的开发利用将会向小种型优质肉鸡及矮脚观赏鸡的方向发展。

第二节　西双版纳斗鸡

一、品种简介

西双版纳斗鸡，又称咬鸡、打鸡和军鸡，属于玩赏型的地方品种。西双版纳斗鸡是中国斗鸡的一个种群，与中原斗鸡、吐鲁番斗鸡和漳州斗鸡合称中国斗鸡，该鸡也是我国受威胁的8个地方鸡品种之一，2006年列入《国家级畜禽遗传资源保护名录》。2009年列入《云南省省级畜禽遗传资源保护名录》，2011年录入《中国畜禽遗传资源志·家禽志》。

二、中心产区及分布

西双版纳斗鸡的主产地和分布地为景洪市的勐罕镇、嘎洒镇，勐腊县的勐腊镇、勐仑镇、勐捧镇，勐海县的勐海镇、勐宋乡、勐遮镇等，在其他坝区傣族村寨也有零星分布。

三、体型外貌

西双版纳斗鸡体型高大、骨骼粗壮，胸肌发达、结实紧凑，羽毛稀少，头小呈半梭形；喙短呈弓形，有黄、褐、铁灰等颜色；耳垂、耳叶较小，呈鲜红色，大多属于三冠，少数为单冠；脸部为红色，颈部较长；虹彩有橘红、金黄、灰鹤等色；羽色主要为纯白、纯黑、绛红三色，其他还有芦花、红褐、灰白、红、麻等杂色。西双版纳斗鸡无胫羽、趾羽，胫多为黄色，腿间距较宽显得威武好斗。成年公鸡胫腿粗而有力，斗性强，外形威武凶猛。

四、群体数量

2002年农业农村部畜禽品种资源调查结果显示，西双版纳斗鸡存栏量为10万只，2004年在景保村建立了西双版纳斗鸡原种保护场，据2006年年底调查统计，西双版纳州共有西双版纳斗鸡1.5万只，2010年大约存栏2万只。

五、主要生产性能

成年公、母鸡体重分别为2.0～2.5 kg和1.3～1.5 kg。全天采食，一般日喂2～3次，成年公鸡日耗料量在110 g左右。产蛋母鸡采食量稍高，在130 g左右。公母鸡初生重平均为37.5 g，6月龄公鸡体重为2.2 kg，母鸡体重为1.57 kg，成年鸡屠宰公鸡半净膛率为83.10%，全净膛率为78.1%；母鸡半净膛率为78.6%，全净膛率为74.0%。

六、繁殖性能

西双版纳斗鸡较早熟，公鸡100日龄左右开啼，4月龄开始配种授精，母鸡8月龄以后才开始配种，母鸡开产期为6～7月龄，公母比例一般为1 ∶ 2，年产蛋100～120枚，受精率为95%以上，孵化率为90%，30日龄育成率为85%。母鸡就巢性强，每次持续时间约20天，一年四季都可孵化，每年3～5次。一般种用鸡的使用年限公鸡为1～5年，母鸡为1～6年，个别优良的可延长。

七、生物学特征

西双版纳斗鸡的适应性较强，在海拔 500 ~ 2 000 m 的地区皆能正常生长繁殖。西双版纳斗鸡的采食能力强，耐粗饲，五谷杂粮加青草、菜叶即能达到其营养需求，各种植物的果实、种子、嫩竹子、树叶、白蚁、白蚁卵、蠕虫、幼蛾等为西双版纳斗鸡喜爱的饲料。西双版纳斗鸡眼大有神，带有凶光，性情泼辣，斗性强，骁勇善战，凶猛无比。

八、饲养管理

西双版纳州内人们对斗鸡的饲养视其用途而有所不同，对于肉用性质的斗鸡，管理极为粗放，多无补饲习惯，夜间栖息于畜圈梁架之上，露宿于宅旁树林，完全按野生、生态放养的方式养殖；而用于打斗的斗鸡，不仅要分开隔离饲养，而且每餐都要吃牛肉、鸡蛋、谷子、小虫子、西红柿等。西双版纳斗鸡体质健壮，抗病力极强，在 30 ℃以上的高温环境下均能正常生长繁殖，三伏盛夏仍能正常产蛋。只要饲养管理得当，按程序做好免疫和保持饲养环境的卫生，一般不会发生疾病。但确因饲养管理不善，不重视防疫和驱虫防病，也发生寄生虫病、消化系统疾病、呼吸系统疾病。

一只好的斗鸡，是要靠平时的不断训练才能得到的。其训练方法有转、跳、溜、撵等十多种；此外还要练凶狠，要制作能灵活移动的鸡模型，人操动斗鸡模型灵活移动，从而激怒斗鸡，让其嘴啄、爪蹬、翅扑，直到斗鸡啄得狠、爪蹬准为止。斗鸡开赛前后的一个月时间里，每餐要给斗鸡喂食牛肉及高蛋白饲料以增强公鸡体力；比赛的前半个月，腿部绑上沙袋，增强腿部的力量，还要给斗鸡的脖子、腿部进行药酒按摩，其目的是使斗鸡增加体力，使之筋骨舒展、肌肉发达。参加比赛后，给斗鸡增加营养，休养疗伤。

九、品种保护与研究利用现状

2004 年在云南省农业农村厅的支持下，西双版纳大青树牧业科技拓展有限公司在景洪市嘎洒曼景保村新征地 10 亩（1 亩≈667 m^2），建立西双版纳斗鸡原种保护场进行提纯复壮及选育，目前拥有保种核心群 200 只。

西双版纳斗鸡体格大，肌肉发达，生长快，抗病力强，耐炎热潮湿，具有较高的科研价值和经济价值。近年来对西双版纳斗鸡的研究在遗传分化微卫星标记、多态信息含量、有效等位基因数、血液免疫指标等测定方面取得优异的成果。西双版纳斗鸡经过长期的选育已经形成头滑、脚快、跃得高、打斗能力强的地方良种。

第三节　尼　西　鸡

一、品种简介

尼西鸡是我国高原小型蛋用地方良种，属于藏鸡的一个类型，因主产于迪庆州香格里拉市尼西乡而得名，是当地农牧民经过长期自繁自养、自然选育形成的一个地方优良品种。

尼西鸡1987年录入《云南省家畜家禽品种志》,在2000年和2006年被列入《国家级畜禽资源保护品种名录》,2009年列入《云南省省级畜禽遗传资源保护名录》,2011年录入《中国畜禽遗传资源志·家禽志》。

二、中心产区及分布

尼西鸡原产于康区河谷农区的迪庆州德钦县奔子兰、羊拉、香格里拉市尼西、东旺、甘孜州德荣县古学、解放等地;中心产区在迪庆州香格里拉市尼西、东旺、德钦县奔子栏、甘孜州德荣县古学,是迪庆及周边藏区居民在金沙江及其支流沿岸高原干旱温凉河谷地区长期驯育而成的地方良种鸡,在迪庆州中北部高寒山区及干热河谷农区均有分布。

三、体型外貌

尼西鸡属肉蛋兼用型鸡,体质强健,轻巧灵活,体型小,结构紧凑,颈长、灵活,胸深、前突,背腰平直,翅紧贴、不下垂,腿细长有力,尾部端正、不下垂。

四、群体数量

迪庆州尼西鸡2006年存栏量为2.37万只。1983年存栏量为2.5万只,1993年存栏量达4.6万只。从2002年开始,当地政府实施扶持尼西鸡保护与产业开发,扶持建立几个保种示范户和近百户规模养殖户,加快尼西鸡品种保护、特色养殖,使尼西鸡饲养存栏数量逐步回升。

五、主要生产性能

尼西鸡成年鸡体重为1.5 kg;母鸡6~7月龄开产,年就巢2~5次,每次3~20天;公鸡5~6月龄开啼。母鸡平均每年产蛋185~230枚,每年的3—10月份为其产蛋旺季,每月产蛋23枚以上,孵化多集中在3—4月份,每窝孵化种蛋9~13枚,孵化率为85%左右,30日龄雏鸡成活率为70%。尼西鸡屠宰率不高,公鸡全净膛率为69.94%,半净膛率为76.39%;母鸡全净膛率为64.30%,半净膛率为70.58%,但肉质细嫩、风味独特。

六、生物学特性

尼西鸡体型轻小,善飞翔腾跃,善觅食,采食范围广,耐粗抗逆,耐寒抗缺氧,产蛋力较高,生长相对缓慢,肉质香嫩。

七、饲养管理

尼西鸡以放养为主,农户小群(12~25只)放牧散养极少规模场房圈养,一般无专门鸡舍,夜间栖息于屋檐下的横档之上,白天在房前屋后的田园荒地中活动觅食。主要以灌木,草的嫩叶、芽、茎和籽实及土壤中的昆虫为食,极少补饲精料。

尼西鸡的生态养殖主要以放牧为主、舍饲为辅,雏鸡孵出后12 h内移至脱温室饲养,雏鸡1周龄需24 h光照,2周龄需光照20~22 h,7~10日龄断喙,雏鸡阶段采用质量较好的全价配合饲料,自由采食,随着雏鸡日龄的增长,要进行分群。以后逐渐过渡到每天早晚补饲少量的玉米或青稞。雏鸡离开保温室后，先放到常温鸡舍或塑料大棚过渡，开始放牧前1周内，将料槽和饮水器放在鸡舍或大棚附近，以使鸡只熟悉环境，早、中、晚各喂1次。7周龄后，可在饲料中逐渐增加杂粮比例，并添加适量的青绿饲料，饲喂量以鸡吃饱为宜。2月龄后，雪、雨天气时，应在鸡舍或大棚内喂养；天气晴好时，清晨将鸡群放出鸡舍，喂给适量饲料后，让其在荒地、山坡灌丛、沟溪旁和果园觅食杂草、草籽、虫子等进行补饲。秋冬季节时，田间、山坡及果园的杂草和昆虫少，要适当增加补饲量。

八、品种保护与研究利用现状

尼西鸡未进行过生理生化或分子遗传技术手段的测定和研究。该品种到目前尚未建立规范的尼西鸡保种场或保护区，2002年香格里拉市畜牧兽医局提出保护尼西鸡遗传基因，开发尼西鸡养殖产业。2003年结合云岭先锋工程启动时机，扶持建立了一个尼西鸡规模育种养殖户，到2006年尼西乡规模养鸡户发展为6户（户均养鸡500只以上），中心育种户现存种母鸡918只、种公鸡260只，年可供育成尼西鸡雏鸡近万只。

尼西鸡肉质鲜嫩、风味独特，但是鸡蛋小、生长缓慢、开产较晚，善飞善跑不易圈养舍饲。因此加强本品种选育、驯化，扩大群体，将尼西鸡培育成产蛋力高、维持消耗低的蛋鸡祖代和肉质好、风味独特、生长快的微型特色肉鸡具有十分重要的经济价值。今后应重视开展对尼西鸡的观察试验及其品种遗传特性、特殊性状形成机理分析研究，合理开发利用尼西鸡品种遗传资源。

第四节　云龙矮脚鸡

一、品种简介

云龙矮脚鸡，原名为天登鸡，根据原产地及品种特征命名为云龙矮脚鸡，属兼用型的地方品种。云龙矮脚鸡1980年录入《大理州地方畜禽品种志》，2009年列入《云南省省级畜禽遗传资源保护名录》，2011年录入《中国畜禽遗传资源志·家禽志》。

二、中心产区及分布

云龙矮脚鸡原产地位于大理白族自治州云龙县诺邓镇，中心产区为云龙县旧州镇，云龙县关平乡、团结乡、诺邓镇、宝丰乡、检槽乡、长新乡、白石镇、旧州镇、表村乡、漕涧镇、民建乡等乡镇均有分布。现在云龙矮脚鸡总存栏数中旧州镇占40%，诺邓镇占25%，其余9个乡镇占35%。云龙矮脚鸡多分布于傈僳、彝、白族聚居地。产区为高原山地，最高海拔3 663 m，最低海拔730 m，属亚热带气候带，干雨分明，雨热同季，干凉同季，冬春干旱。产区的高海拔、民族、山区等因素对该品种的形成产生直接影响。

三、体型外貌

云龙矮脚鸡体型较小，匀称结实，近似椭圆形，腿肌发达，以胫短为主要特征。单冠，公鸡冠较大，颜色为鲜红，冠齿单数，肉髯和耳叶较大，耳绿色。眼圆大，虹彩黄红色。喙形多为钩。母鸡冠小,颜色暗红。公鸡羽色赤黄,母鸡麻灰色、土黄色居多,部分纯色,颈上部多数有一圈黑色羽毛,肤色多为浅红色。肌肤为黑色乌骨,胫、趾黑色。无凤头,无胡须,无丝羽,无腹褶,公鸡五爪,母鸡四爪。

四、生物学特性

云龙矮脚鸡产区云龙县地处滇西纵谷区,位于大理白族自治州西部,云龙矮脚鸡具有耐粗饲、耐高寒、合群、觅食能力强等特性,对恶劣气候环境和粗放饲养管理有较强的适应能力,未发现疾病感染。

五、群体数量

云龙县有96%的农户养鸡,云龙矮脚鸡大部分零星地分布在全县的广大养殖户中,规模化养殖还没有形成,产出量不足已成为大宗商品,使该品种的开发利用十分困难。云龙县云龙矮脚鸡2001年存栏量为1.1万只,2006年存栏量大约为6 000只。云龙矮脚鸡现已处于濒危状态。

六、主要生产性能和繁殖性能

云龙矮脚鸡成年公鸡均重2.2 kg,母鸡均重1.7 kg。成年公鸡、母鸡胫长分别为6.6 cm、5.35 cm。公鸡日平均增重5.41 g,母鸡日平均增重3.8 g;成年公鸡平均全净膛率为65%,母鸡平均全净膛率为63%。母鸡平均开产日龄为210~240天,年产蛋213枚,蛋重58 g,蛋壳白色。母鸡就巢性弱,每窝抱蛋12~15枚,孵化率为90%~95%,育雏率为87%。

七、饲养管理

云龙矮脚鸡适宜单家独户圈养或在林地、果园内放养,饲喂以玉米、小麦等本地杂粮为主。

八、品种保护与研究利用现状

云龙矮脚鸡目前还未进行过生化或分子遗传测定,相关部门曾提出过保种和利用计划。2001年实施提纯复壮工作,取得了阶段性成果。2003年以来,划定保护区对云龙矮脚鸡进行了保护和抢救,并先后扶持了24户云龙矮脚鸡饲养户,云龙矮脚鸡种群数量不断减少的状况得到了初步的遏制。2011年8月云龙县农业农村局完成了云龙矮脚鸡地理标识申报注册工作。但目前又因诸多原因使保种和开发利用工作举步维艰。

该品种具有肉质好、抗病能力强、抗逆性强、耐粗饲、节省饲料等优点,但个体小、体重轻。未来科研工作可以以研究本品种选育、探索保持胫短的遗传稳定性因素为主要方向,增加群体数量,保持肉质风味等。

第五节　大围山微型鸡

一、品种简介

大围山微型鸡来源于云南省屏边县大围山系特有的野生原鸡,属肉蛋兼用和竞技观赏型的地方品种。大围山微型鸡于 2009 年 9 月 14 日经国家畜禽遗传资源委员会家禽专业委员会鉴定通过,2010 年 1 月 15 日由中华人民共和国农业农村部第 1325 号公告,2009 年列入《云南省省级畜禽遗传资源保护名录》,2011 年录入《中国畜禽遗传资源志·家禽志》。

二、中心产区及分布

大围山微型鸡,主产于云南省屏边苗族自治县,分布在屏边县境内 300～1 500 m 的中低海拔山区地带。中心产区在屏边县境内的玉屏镇、白河乡、湾塘乡,境内 1 镇 6 乡均有分布。当地民间将称其为发财鸡、香鸡、金鸡、娇鸡等。

产区独特的自然生态环境,为屏边大围山微型鸡的驯养、培育、发展创造了条件。

三、体型外貌

大围山微型鸡体型较小,体躯丰满,公鸡主翼羽下垂至胫部。头小而清秀。喙略弯,多呈黄色,少数呈褐黄色或黑黄色。豆冠居多,少数为单冠。虹彩呈橘红色。皮肤呈黄白色。胫多呈橘黄色,少数浅黄色。公鸡羽色主要有白花、黑花、黄红 3 种,少数纯白色。尾羽发达,多呈墨绿色,少数呈黑色。母鸡羽色有白麻、黑麻、黄麻 3 种。

四、群体数量

2006 年资源调查,屏边县有大围山微型鸡 3 289 只,2010 年上升至 8 000 多只。

五、生物学特性

大围山微型鸡耐高温,对各种环境、气候均有较强的适应性,在海拔 300～1 500 m 的地区皆能正常生长繁殖。觅食能力强、耐粗饲,野外蛆虫、嫩草都为微型鸡的饲料,常年放养于灌丛林和果园。

六、主要生产性能和繁殖性能

据报道,大围山微型鸡成年公鸡平均体重为 759.75 g,母鸡平均体重为 590.95 g,14 周龄公、母鸡体重分别为 778.81 g 和 712.50 g,该品种具有较高的屠宰率和较低的脂肪含量。

大围山微型鸡就巢性强,自然状态下年就巢 6～8 次,每次约 20 天。一般情况下母鸡约产 10 个蛋开始就巢,若人为天天拣蛋,保持巢内有 1 个蛋,则母鸡可连续产 18～22 个蛋就巢。平均蛋重 29.32 g,大围山微型鸡的蛋重显著大于其他鸡种,加之体型小,体能维持需要少，饲料转化率相对高，是一个很值得利用的优良性状。

七、饲养管理

屏边大围山微型鸡一般饲养管理粗放，只需对不满月龄的雏鸡稍加照护，多喂碎米或配合料以提高成活率。家养无专门鸡舍，鸡群白天散放于房前屋后灌丛林或林果地，晚上任其在猪、牛圈上栖息，只在牛厩、猪圈上放垫草设鸡窝供母鸡产蛋和孵化用，补喂粉碎玉米、稻谷或糠麸等单一饲料，只要饲养管理得当，一般不会发生疾病。

八、品种保护与研究利用现状

屏边大围山微型鸡目前还未进行生理生化或分子遗传等相关测定，未建立保种场或保种区，也没有建立品种登记制度。大围山微型鸡遗传性能稳定，适应性及抗病力强，成熟早，生长发育快。今后应利用体型矮小基因改良蛋鸡品种，降低维持营养，提高饲料转化率，加大饲养密度，增加经济效益。利用体型小、肌肉丰满、骨骼细、出肉率高、低脂肪、低胆固醇、肉质好而香等优良特性，作为小型肉用珍稀特色品种发展，具有广阔的市场前景。

第六节　瓢　　鸡

一、品种简介

瓢鸡，俗名闭毛鸡。因无尾椎骨、尾宗骨、尾脂骨和主尾羽，臀部丰腴圆滑，尾部无主尾羽，体型外貌看似当地农民使用葫芦瓢，故人们称其为瓢鸡。瓢鸡于2009 年列入《云南省省级畜禽遗传资源保护名录》，2010 年列入《国家畜禽遗传资源目录》。2011 年录入《中国畜禽遗传资源志 · 家禽志》，2014 年列入《国家级畜禽遗传资源保护名录》。

二、中心产区及分布

瓢鸡主要产于普洱市镇沅县田坝乡的田坝村、瓦桥村、三河村，分布于普洱市镇沅县、墨江县、宁洱县、景东县、景谷 5 个县的 25 个乡（镇），者东镇的者整村，按板镇的磨庆村、宣河村，以及与镇沅县相邻的宁洱县梅子乡也有少量分布。

三、体型外貌

瓢鸡体型矮小细致，羽毛光滑，无尾羽、镰羽，具有无尾椎骨、尾宗骨、尾脂腺、主尾羽“四无特征”，尾部羽毛下垂，臀部肌肉发达，脚矮。肉色为鲜红色；胫色多为黑色，少数为黄色；喙短粗，有黑、黄青、铁灰等色；肤色多为黑色，少数为白色。头大小适中，多为平头，单冠，红色，少数为黑色；公鸡冠大，厚而直立，羽毛多为赤红色、黑白花、全白三种；母鸡冠薄较小，质细致，羽毛有黄麻花、黑麻花、黑白花、全黑、全白、灰白等色。瓢鸡中也有部分反毛鸡、绒毛鸡、光秃裸鸡、毛脚鸡。

四、群体数量

据统计,2006 年镇沅县 7 个乡(镇)存栏量合计 201 只,主要集中在田坝乡。2007 年末饲养量增至 1 086 只,在 2006 年的基础上增加 885 只,增幅达 440.29%。2010 年全县瓢鸡存栏量达到 21 352 只,以恩乐镇饲养量最高,已突破万只。到 2011 年,恩乐镇达 17 184 只。全县保种区原种瓢鸡饲养量达 30 264 只,核心群瓢鸡达 16 640 只,在 2010 年的基础上增加 8 912 只,增幅 41.74%。2012 年瓢鸡存栏量已达 102 024 只,摆脱了濒危物种的边缘。

五、生物学特性

瓢鸡行动灵活、适应性强,在山高谷深、地形复杂、气候冷凉的山区都能正常生长,合群性较好 。瓢鸡耐粗饲、自然觅食能力强、抗病力强,在正常的饲养条件下发病较少,如管理不善,雏鸡会出现呼吸系统疾病、消化系统疾病及寄生虫病。

六、主要生产性能和繁殖性能

瓢鸡成年公鸡体重 2.1 kg,屠宰率为 92.38%;成年母鸡体重为 1.7 kg,屠宰率为 90.61%,瓢鸡肌肉富含人体所需的 7 种氨基酸,公鸡肉中氨基酸总量≥8%,母鸡肉中氨基酸总量≥11%;蛋白质含量为 26.24%。母鸡 160 ~ 190 日龄开产,年产蛋 100 ~ 130 枚,平均蛋重 52.24 g,蛋壳主要为粉白色,也有少部分为浅褐色,有的浅褐色中带白点。雏鸡绒毛为麻花色、黄褐色、白色、黑色等。据试验,在自然交配下,公、母鸡比例为 1 : 13,种蛋受精率为 50% ~ 60%,受精蛋孵化率为 80%。母鸡就巢性强,一年内就巢 5 ~ 6 次。种公鸡利用年限为 1 ~ 3 年,母鸡为 1 ~ 2 年。

七、饲养管理

瓢鸡的饲养管理较为粗放,终年以放养为主,白天放牧在农户家周围的山林、灌丛和田间地头,让其自由活动,自由采食各种青绿饲料、果实、虫类、矿物质等天然饲料,下午用玉米、农家饲料、自配料进行补饲,供给清洁的饮水,补充其生长所需的营养。在雏鸡阶段,小鸡喂给碎米、米饭、米糠等较细食物。晚上栖息在牛厩、猪圈、柴堆上,也有设置鸡圈或围栏饲养的。

人工补饲只有在农作物生长旺季,为保护庄稼,将鸡关在家中或驱赶到山上,或在家旁边围一个围栏圈养,并加强饲养管理。

八、品种保护与研究利用现状

瓢鸡未进行过生化或分子遗传测定,未提出过保种和利用计划,未建立品种登记制度。瓢鸡长期与本地土鸡共同生活、繁殖,相互交配,以致有了很多相同之处,这对研究鸡种的遗传变异有较高的研究价值。但由于发现晚,数量少,过去对瓢鸡未进行保护和研究。未来研究开发利用首先要在当地设定瓢鸡保种区,对瓢鸡进行品种鉴定,同时要加强饲养管理和疫病防治工作,逐步扩大瓢鸡的群体规模,从而将瓢鸡打造成一个优良品牌,将瓢鸡推向市场。

第七节　德宏原鸡

一、品种简介

德宏原鸡，俗称野鸡、草坝鸡，是优良的原鸡品种，以耐粗饲、适应性强、肉质细嫩、味道鲜美、公鸡羽毛华丽和啼叫声清脆且有显著特色而出名，2009 年列入《云南省省级畜禽遗传资源保护名录》。

二、中心产区及分布

德宏原鸡品种名称源于区域名称，德宏原鸡主要产于德宏州的盈江、潞西、陇川、梁河、瑞丽等县市，周边地区及邻国缅甸也有分布。德宏州作为德宏原鸡的主产区，具有广阔的森林资源和种类繁多的植物，气候温和，常年气温偏高，雨量充沛，河流纵横，土地肥沃，野草繁茂，四季常绿，自然生态条件优越，为德宏原鸡的生长繁育提供了良好的生存环境。

三、体型外貌

德宏原鸡体型矮小细致，头尾翘立，羽毛光滑紧贴，肌肉结实，发育良好，骨骼轻细，体躯匀称，近似卵圆形。头大小适中，多为平头，单冠直立，冠色为红色，公鸡冠大，母鸡冠小，质地细致，冠齿 5 ~7 个；喙长适中，大多为偏黑灰、褐黄色，微弯曲，平直，不带钩；眼大有神，虹彩黄色居多，偶有褐灰及灰白色；公鸡肉垂发达，下垂，颜色一般为红色；耳叶一般为红色；胸部发育良好，胸肌发达，身躯长短宽窄适中，翅膀紧收，脚细小，长短适中，以黑灰色为主，少数石板、粉色，多数无毛。

公鸡上体呈现有金属光泽的金黄、橙黄或橙红色；脸部裸皮、肉冠及肉垂红色，且大而显著。公鸡颈羽多为金黄色，主翼羽为黑色，背羽为黑色，腹羽为灰黄色，鞍羽为灰黑色，尾羽黑色具金属绿色光泽，中央两枚尾羽最长，下垂如镰刀状，下体褐黑色，脚多为黑灰色，少量为粉红色；母鸡羽色多为麻色，颈羽为黄黑色，尾羽褐色，主翼羽为黑色，背羽为麻色，腹羽为灰黄色，鞍羽为灰黑色，雏禽羽色为麻色。

德宏原鸡肤色多为粉红色，眼为金黄色，冠、髯、耳、脸为红色，喙以黑灰、褐黄色为多，胫、趾多为黑灰色，少量为粉红色，皮肤、肉、骨和内脏均属粉红色。

四、群体数量

据调查，德宏原鸡虽遭捕食和猎杀，但从未灭绝过，仅盈江县的原鸡数量就达 16 000 多只。2000 年以来，群体数量有极大增长，德宏州原鸡生存数量约为 42 000 只，全州人工驯养在 2004 年曾经达到了最高时的 5 000 多只。目前全州德宏原鸡人工饲养环境下，群体总数为 3 340 只，其中德宏公鸡 2 171 只，母鸡 1 169 只。

五、生物学特性

德宏原鸡是德宏特有的、适应性极强、在产区特定的自然环境尤其是温暖阴湿的气候条件下经长期选育和精心培育而形成的小型鸡品种。其体形矮小紧凑，骨骼轻细，肉质鲜美、香甜细嫩、无腥味、脂肪含量低、营养价值高，有浓郁的野生风味，同时其性成熟早，习性精灵胆小，活泼好斗，羽毛紧身艳丽有光泽，公鸡多为赤红色，母鸡多为麻花色，具有常羽、单冠直立等一般本地鸡的基本特点。

六、主要生产性能和繁殖性能

德宏原鸡成年公鸡平均体重为0.93 kg，成年母鸡平均体重为0.678 kg，德宏原鸡的产肉性能良好，300天以上的公鸡屠宰率为90.01%，母鸡屠宰率为91.94%。德宏原鸡脂肪组织较少，经测定，其肉质干物质为25.29%，粗蛋白含量为23.55%，粗脂肪含量为0.22%，粗灰分含量为1.18%。

公鸡一般2月龄开始啼叫，4～6月龄性成熟；母鸡一般6月龄开产。野生条件下公母比例为1∶10，年产蛋8～12枚，最高的可达18枚。蛋重平均28.9 g。蛋壳白色多，浅灰较少。孵化多集中在气候凉爽的2—3月，每窝孵化种蛋12个左右，孵化率一般为70%左右，30日龄雏鸡成活率在80%以上。该鸡就巢性强，自然状态下一年内常就巢1～2次，每次就巢20天左右；利用年限公鸡一般为3～5年，母鸡为3年。

七、饲养管理

德宏原鸡具有野性强、性情活泼、机灵胆小、好斗性强、能飞善跑的特性，因此需搭建网棚或围栏圈进行驯养。在调查中常看到，原鸡驯养时间长，适应所在环境后不需专用网棚和鸡圈饲养，白天自由觅食，傍晚适当补饲玉米等粮食作物即可，晚上常栖息在牛圈的栏杆上和树枝上。

八、品种保护与研究利用现状

目前德宏原鸡尚未进行过生化或分子遗传测定，未提出过保种和利用计划。但由于该品种野性强、驯养难、繁殖率低，今后在德宏原鸡主产区应坚持以品种选育为主，开展纯繁保种的繁育工作，不断提高德宏原鸡的综合利用性能。在有条件的地方，有计划地开展规模饲养，对该品种开展研究，发掘其优秀基因，使其逐步向观赏、肉兼用型方向发展。

第八节　剥隘鸡

一、品种简介

剥隘鸡又名剥隘小种鸡，是富宁县特有地方家禽品种，因剥隘镇为其主要产区而得名。剥隘鸡具有性成熟早、产蛋性能高及肉质鲜嫩、味美、营养丰富等优良特性，深受广大消费者的喜爱。2012年被收录于《云南省畜禽品种志》，正式确认为云南省的一个地方家禽品种。

一直以来,剥隘鸡都是以农村自发庭院散养为主,因其生长相对缓慢等弱点,生产规模和饲养存栏逐步萎缩和混杂,近亲繁育、基因混杂的现象突出,现存的剥隘种鸡数量约为 3 万只。针对这些问题,云南农业大学在资金、人才上给予有力扶持,开展剥隘鸡扩群保种、提纯复壮、产业化开发等工作。

二、中心产区及分布

剥隘鸡主要产区为阜宁县剥隘镇,剥隘镇水产资源和矿藏极为丰富,素有“鱼米之乡”之美誉。

三、主要生产性能

王雪峰等报道了云南剥隘鸡的公鸡、母鸡肌肉中都含有 17 种氨基酸,含量丰富,包括 7 种人体必需氨基酸(除色氨酸外)和 10 种非必需氨基酸。其中,必需氨基酸含量以母鸡胸肌中含量最高,母鸡肌肉中必需氨基酸的含量高于公鸡肌肉中必需氨基酸的含量;胸肌中必需氨基酸的含量高于腿肌。云南剥隘鸡不同性别、不同部位肌肉中氨基酸总量在 65% ~70% 之间,胸肌的氨基酸总量要高于腿肌。

第九节　盐津乌骨鸡

一、品种简介

盐津乌骨鸡,又名药鸡,以其皮肤、肌肉、骨膜和脏器皆为乌黑色而得名 ,属肉蛋兼用型地方品种,1981 年畜禽品种资源调查时定名为盐津乌骨鸡,具有较高的食用、药用价值。该品种于 1987 年被收入《中国畜禽遗传资源名录》,同年列入《云南省家畜家禽品种志》。

二、中心产区及分布

盐津乌骨鸡为昭通市区域性家禽品种,产区内昭阳、鲁甸、巧家、盐津、大关、永善、绥江、镇雄、彝良、威信、水富等 11 个县区均有不同程度分布。

三、体型外貌

盐津乌骨鸡体型中等,头尾翘立,腿较高,躯体结构匀称,羽毛紧凑,体格结实。头大小适中,单冠直立,冠色有红色和黑色,母鸡冠小,公鸡冠大,质地细致,冠齿 5 ~7 个;喙长适中,大多为乌色,微弯曲,平直,不带钩。公鸡肉垂发达,下垂,颜色一般为黑色和红色;耳叶一般为乌色;胸部发育良好,身躯长短宽窄适中,翅膀收紧,腿粗细中等,长短适中,多数无毛。雏鸡羽毛为丝羽,成鸡羽毛为翼羽,羽毛颜色有黑、白、黄、红四种。盐津乌骨鸡肤色大多为乌色,极少数为褐色和白色,喙、胫、眼、冠、髯、耳、脸、皮肤、舌、趾、肉、骨和内脏均属乌黑。

四、群体数量

近20年盐津乌骨鸡种群数量呈上涨趋势,存栏量从1986年的16.65万只逐年上升到2005年的78.77万只,其中母鸡35.93万只,种用公鸡6.64万只,年递增8.52%。2005年存栏量占产区鸡存栏量的14.38%。2010年存栏量为112.10万。

五、生物学特性

盐津乌骨鸡肉质嫩美,食药兼用,产蛋多,性情温顺,体质强健,就巢性强,性成熟早,善于育雏,耐粗放饲养,放养或圈养均可,耐高温高湿,对环境适应能力强,但海拔2 500 m以上育雏成活率下降。在粗放饲养管理和湿度大、光照短的生态条件下,仍能表现较高的产蛋、产肉性能。盐津乌骨鸡抗病能力强,主要以鸡瘟危害最大,但仅散发性发生,其他禽病较少。

六、主要生产性能和繁殖性能

根据测定结果,盐津乌骨鸡成年公鸡体重为2.9 kg,母鸡体重为2.35 kg,成年公鸡、母鸡屠宰率分别为91.59%、92%。盐津乌骨鸡肌肉中蛋白质含量大于22%,脂肪含量为0.3%,肌肉中钙、锌、铁、硒等微量元素含量较高。

据调查,公鸡4~6月龄开啼,母鸡7月龄开产。公母比例为1∶13。年产蛋120~160个,优秀者可达190个。平均蛋重为51.03 g,蛋壳淡褐色多,白色较少。一般在2—3月份孵化,每窝孵化种蛋12~14个,孵化率为80%,30日龄雏鸡成活率为80%以上。种公鸡利用年限为1年,最多2年;母鸡利用年限为2~3年。该鸡就巢性强,自然状态下年就巢6~7次, 每次20天左右。

在保种场饲养状态下,黑羽系开产日龄为(164±17)日龄,白羽系开产日龄为(159±14)日龄;种蛋受精率黑羽为82.5%,白羽为83.4%;受精蛋孵化率黑羽为74.90%,白羽为84.20%。开产蛋重黑羽为46.4 g、白羽为46.7 g;平均蛋重黑羽为53.1 g、白羽为53.4 g。

七、饲养管理

盐津乌骨鸡善觅食,易饲养,无特殊的饲养要求,可根据不同地区采取放养、圈养、笼养、林中围栏等不同的饲养方式。林木灌丛、场地宽阔的地方食料丰富,每天清晨可以赶鸡出舍,自由觅食,或早上离舍前给予少量玉米粒;农田集中、山林少的江边河谷一带,以舍饲为主。

八、品种保护与研究利用现状

曾有多人对盐津乌骨鸡开展过生化或分子遗传方面的研究,对盐津乌骨鸡肌肉中18种氨基酸进行测定,结果氨基酸含量为22.36%,在18种氨基酸中,蛋氨酸和赖氨酸含量分别为0.93%和1.94%,2002年再次发现该品种鸡富含高水平的钙、锌、铁和硒,具有高蛋白、高微量元素和低脂肪的显著特点,目前在疾病监测、提纯复壮、营养成分、生产性能指标测定、疫病监测等方面取得了不错的成果，属国内营养保健价值较高的鸡种。

通过开展种群基地建设工作，如建立核心育种场、建立种鸡养殖示范户、成立乌骨鸡养殖协会、开展科学养殖技术培训等，推动盐津乌骨鸡产业化发展进程。

第十节 武 定 鸡

一、品种简介

武定鸡，俗称武定壮鸡，属肉蛋兼用型地方品种。武定鸡1987年录入《云南省家畜家禽品种志》，1989年录入《中国家禽品种志》，2009年列入《云南省省级畜禽遗传资源保护名录》，2011年录入《中国畜禽遗传资源志·家禽志》。

二、中心产区及分布

武定鸡为楚雄彝族自治州特有的区域性家禽品种，中心产区为武定县，主要分布在武定县的狮山镇、高桥镇、猫街镇、白路乡、环州乡、发窝乡、田心乡、东坡乡、已衣乡、万德乡、插甸乡，禄丰县的仁兴镇、大路溪乡、中村乡，元谋县的姜驿乡、江边乡、羊街乡、花同乡，毗邻武定县的禄劝县、富民县、安宁市的部分乡镇。

三、体型外貌

武定鸡体型有大种、小种之分，大种鸡体形高大，骨骼粗壮，头尾昂扬，体躯宽紧，背呈马鞍形，胸部发育良好，腿粗长，尾高翘，翅膀略下倾，被毛紧凑，多数有胫羽和趾羽，整个跖部直趾部长满羽毛；小种鸡体型中等，背宽平，全身羽毛丰富，体型紧凑。肌肉发育良好，大部分为黑色。头大小适中，多为平头；冠为单冠，红色，直立，前小后大；公鸡平均冠齿7.2个，母鸡平均冠齿6.6个，有极少数为玫瑰冠；喙黑色，多数不带钩；虹彩以橘红色最多，橘黄色次之；耳叶、髯红色，部分乌骨鸡的耳叶紫红色带绿色。胸部发育良好，体躯长短宽窄适中，翅膀收紧，腿粗细中等，多数无毛。武定鸡肤色大多为黑色，少数为白色，喙、胫大多为黑色，喙、胫黑色的鸡皮肤颜色与之一致。

武定鸡属慢羽型，120～150日龄体重达1 000 g时才出现尾羽。此前，胸、背和腹部的皮肤常裸露在外，俗称光秃秃鸡或精轱辘鸡。

四、生物学特性

武定鸡主要表现为高产肉率，肉品质优，产蛋率较高，抗逆性、群居性强，适应能力强，在温暖湿润的坝区和高寒冷凉的山区均生长良好，主要感染的疾病为禽霍乱、鸡新城疫及鸡马立克氏病等传染病及球虫病。

五、主要生产性能和繁殖性能

武定鸡一般分散在农户家饲养，据统计221日龄武定鸡公鸡体重为2 kg，母鸡体重为1.7 kg，肌肉中粗蛋白含量大于22%，粗脂肪含量为0.58%。大种公鸡180日龄以上体重在1 600 g开啼，达到性成熟；母鸡185日龄以上体重1 800 g开产，达到性成熟。小种公鸡150日龄，体重1 500 g开啼，达到性成熟；母鸡180日龄以上，体重1 800 g开产，达到性成熟。公母比例为1∶18，利用年限一般为2年。年产蛋98.6个，开产蛋重46 g，平均蛋重52.48 g，蛋壳白色。种蛋受精率为92.0%，受精蛋孵化率为91.60%，育雏率为91.20%，育成率为81.7%，孵化期为21天，就巢性强，一次就巢20天。

六、饲养管理

武定鸡产区地势复杂，气候多种多样，村落分散，山地宽阔，终年靠野外放养，鸡一般饲养在猪舍顶棚，还有少数山区的鸡终年栖息在房前屋后的树枝上，平坝地区也有专门的鸡窝。一般建议小规模饲养武定鸡，农户饲养以养殖500只左右为宜，并且要分区饲养，鸡早出晚归，自由采食野外青绿饲料、矿物质及虫类等动物性饲料，早晚根据鸡觅食的多少补喂一定的精料。在农作物生长季节，为保护庄稼，暂时进行围栏圈养。饲料营养水平及饲养管理要求不高，一般条件均能满足。

七、品种保护与研究利用现状

武定鸡目前还没有进行生化或分子遗传等相关测定，没有提出过保种和利用的计划，也没有建立过品种登记制度。武定鸡遗传性能稳定，抗逆性强，耐粗饲，该鸡经济价值较高，开发利用前景广阔，应采取措施建立专门化的保种场和本品种选育场，强化本品种选育和品种特性研究，在保种的基础上建立纯繁基地，正确引导当地农户饲养武定鸡，规避外种混杂和优良性状基因的流失，扩大群体数量，提高品质，充分发掘该品种的资源优势，突出发挥阉母鸡这一独特的地方传统工艺，建立和完善产业链。

第十一节　独　龙　鸡

一、品种简介

独龙鸡意思为极小的鸡，因其为独龙族人民群众所饲养而得名，属兼用型地方品种。独龙鸡于2009年9月13日经国家畜禽遗传资源委员会家禽专业委员会鉴定通过，2010年1月15日由中华人民共和国农业农村部第1325号公告，2009年列入《云南省省级畜禽遗传资源保护名录》，2011年录入《中国畜禽遗传资源志·家禽志》。

二、中心产区及分布

独龙鸡中心产区为怒江州贡山县独龙江乡，独龙江沿线、中缅边境地区均有分布。

三、体型外貌

独龙鸡体型小而紧凑。羽毛颜色较杂，主要有白花、黄麻、黑麻，少数为瓦灰、芦花。喙多呈黑色或黑中带黄，少数浅黄色。单冠居多，冠齿7～9个，呈红色，少数豆冠、玫瑰冠。耳叶红色居多，部分白色。虹彩呈橘红色。皮肤呈白色。胫色以黑色、瓦灰色居多，粉色次之,少数黄色。大部分个体有胫羽。

四、群体数量

2006 年独龙鸡仅有 1 350 只,其中公鸡 121 只、母鸡 1 229 只;2008 年独龙鸡存栏6 350 只。

五、主要生产性能和繁殖性能

据统计,210 日龄独龙鸡公鸡体重为 0.91 kg,屠宰率为 89.9%,母鸡体重为 1.2 kg,屠宰率为 90.7%。母鸡开产日龄为 210 ~ 240 天,年产蛋数为 55 ~ 75 枚,生产群平均蛋重为 45 g,种蛋受精率为 85% ~ 90%,受精蛋孵化率为 85% ~ 90%,母鸡就巢性较强,就巢率约为 80%。

六、饲养管理

独龙鸡饲养方式主要是放养,很少圈养。圈养主要是种植季节庄稼出苗前的一个星期左右。放养则是一年四季,每天白天出去晚上回来,对当地的环境、庄稼没有任何的负面影响。传统上,当地人主要给鸡喂玉米、小麦、青稞或其他杂粮。2003 年独龙江乡实施退耕还林后则以玉米或大米为主。

七、品种保护与研究利用现状

独龙鸡尚未建立保种场和保护区,现处于农户自繁自养状态,未开展系统选育。独龙鸡具有觅食力强、善飞翔、抗病力强、肉质鲜美等特点,能适应高海拔、高湿度的恶劣条件,适合山区放养,但产蛋较少。今后,应加强资源保护和本品种选育,提高其产蛋性能,并作为优质鸡进行开发利用。

第十二节　云南麻鸭

一、品种简介

云南麻鸭是宁洱县地方特有的良禽品种之一,又名思普麻鸭,俗名绿头鸭,属兼用型地方畜禽资源。该品种于 1987 年列入《云南省家畜家禽品种志》,2009 年列入《中国畜禽遗传资源名录》,2011 年录入《中国畜禽资源遗传资源志 · 家禽志》。

二、中心产区及分布

云南麻鸭分布较广,原产地为滇池流域的晋宁、呈贡、西山以及宜良等县区,全省各地均有饲养。随着滇池治理及昆明市城市建设的不断发展,现中心产区变为普洱、红河等州(市)。另外,玉溪、曲靖,红河、文山、保山、西双版纳、普洱、德宏、楚雄、昭通等州(市)均有饲养。

三、体型外貌

云南麻鸭体型中等,头尾翘立,躯体结构匀称,呈长方形,羽毛紧密。喙长适中,喙呈淡黄色或灰绿色,喙豆呈黑色或灰黑色。虹彩多呈红褐色,少数呈褐色。皮肤呈淡黄色或白色,胫、蹼呈橘黄色或灰绿色。公鸭头、颈上部羽毛为墨绿色,有光泽,部分个体颈部有白色羽圈,胸、背部羽毛为黑麻色或褐麻色,腹羽浅麻色,翼羽多为墨绿色镶白边,尾羽呈黑色或墨绿色,尾部有2~3根向上卷曲的性羽;母鸭羽色以黄麻色居多,黑麻色次之,有少数花鸭。雏鸭绒毛多为灰黑色。

四、群体数量

1981年普洱市云南麻鸭存栏量为80万只,1990年存栏量为62万只,近15~20年来主产区的云南麻鸭由于生长较慢,产肉、产蛋性能不高,以及外来品种鸭不断增加,云南麻鸭种群数量出现逐年减少的趋势。据统计,2006年存栏量为35.27万只,2010年存栏量只有29.5万只。

五、生物学特性

云南麻鸭耐粗饲,抗病力强,肉、蛋兼用,繁殖性能好,是优良的地方品种,也是制作卤鸭、腊鸭的优质鸭种,产品味鲜醇厚,可加工成各种软包装食品等,云南麻鸭可和其他鸭种进行杂交培育出新用途的鸭种。对云南麻鸭影响较大的主要传染病为禽霍乱、鸭瘟。

六、主要生产性能和繁殖性能

据统计,300日龄云南麻鸭公鸭体重为1.8 kg,母鸭体重为1.6 kg,公鸭、母鸭屠宰率分别为88.11%、88.09%,肌内脂肪含量为1.38%。云南麻鸭母鸭180~210日龄开产,公、母鸭比例为1∶11。年产蛋120~180枚,平均蛋重为65 g,开产蛋重为57 g,蛋壳多为粉白色,也有一部分为浅绿色。种蛋受精率为90%,受精蛋孵化率为85%。母鸭就巢性弱。

七、品种保护与研究利用现状

目前各州(市)畜牧技术部门已对云南麻鸭进行一些基础性研究,主要从蛋肉兼用方向开展选育提高工作,但尚未建立云南麻鸭保护区和保种场,仍处于农户自繁自养状态。近年来,为了追求商品价值,养鸭户大量采用北京鸭、樱桃谷鸭以及广西麻鸭杂交本地品种,导致品种严重不纯,纯种群体数量急剧萎缩,目前云南麻鸭保种形式较为严峻,因此有计划、有步骤地开展生化或分子遗传测定,严格进行选育选种,建立健全品种登记制度,建档立卡进行有序管理迫在眉睫。

第十三节　建水黄褐鸭

一、品种简介

建水黄褐鸭，俗名酱色鸭、牛屎鸭，现用名称是2006年5月遗传资源调查时，根据该品种毛色特征而命名。建水黄褐鸭是蛋肉兼用型的地方品种。建水黄褐鸭于2009年9月12日经国家畜禽遗传资源委员会家禽专业委员会鉴定通过，2010年1月15日由中华人民共和国农业农村部第1325号公告，2009年列入《云南省省级畜禽遗传资源保护品种》，2011年录入《中国畜禽遗传资源志·家禽志》。

二、中心产区及分布

建水黄褐鸭是建水县区域性家禽品种，境内14个乡、镇均有不同程度分布。中心产区为临安镇、南庄镇、西庄镇、面甸镇、曲江镇等坝区镇。

三、体型外貌

建水黄褐鸭10天内雏鸭体躯方形偏圆，10天后逐步变为长方形。成年公鸭胸深，体躯呈长方形，喙呈深黄绿色，喙豆黑色，虹彩褐色；头颈上半段羽毛为黑色或深褐色；体躯羽毛深褐色；尾部有2~3根向上卷的黑色或深褐色性羽；胫、蹼呈深橘红色，肉色粉红、肤色灰白。成年母鸭体躯稍长，颈细长，胸腹丰满，腹略下垂，臀部方形；喙呈深褐色，喙豆褐色，虹彩褐色；体躯羽毛紧密，呈深褐色或浅褐色，胫、蹼呈灰黄或橘黄，肤色灰白，肉色粉红。

四、群体数量

据2009年6月调查统计，建水黄褐鸭存栏量为13 139只，其中成年公鸭382只，成年母鸭7 647只，育成鸭5 110只。

五、生物学特性

建水黄褐鸭的抗病力和适应性较强，觅食能力强，耐粗饲，合群性强，田间路边的野草、遗谷、麦粒，甚至深埋于淤泥里的草根和块茎等都能被觅食，在海拔200~1 700 m的地区皆能正常生长繁殖。

六、主要生产性能和繁殖性能

据2006年统计结果，建水黄褐鸭成年公鸭体重为1.7 kg，母鸭体重为1.9 kg，公鸭、母鸭半净膛率分别为78.32%、71.08%。肌内脂肪含量为1.92%，蛋白质含量为21.01%。公鸭一般90~100日龄性成熟，母鸭120日龄开产。公、母比例为1∶20。年产蛋220~240个，最高可达260个。经产蛋重平均75 g，蛋壳青色占70%左右，白色占30%左右。一般在3—7月份孵化，受精率为90%左右，孵化率为85%以上，30日龄雏鸭成活率为90%以上。无就巢性。公鸭利用年限为1年,母鸭为1.5年。

七、饲养管理

建水黄褐鸭善觅食,易管理,可利用稻田、沟渠放养,也可在池塘、水库围网饲养。一般饲养方法为:雏鸭出壳后10 h即开始饲喂破碎饲料,日喂4~5次。出壳的第二天下水20~30 min。3日后,每天下水4~6 h。10日后可增至8~10 h。20日龄后以稻田放牧为主,补饲浸泡谷粒或麦粒,日喂3次。30~40日龄补喂玉米粒或谷粒。40日龄至开产以粉碎玉米1/2、三七糠和麦麸各1/4,再加上2%左右的骨粉、石粉混合均匀后补喂。开产后补喂产蛋鸭颗粒料,以提高产蛋率和受精率。

八、品种保护与研究利用现状

建水黄褐鸭目前未进行过生理生化或分子遗传测定,未建立保种场或提出过保种和利用计划,也未建立品种登记制度。建水黄褐鸭肉质细嫩、鲜香,口感好,但生长速度比肉用型品种慢。在今后应将肉质细嫩、鲜香的优良特性引入肉鸭品种,提高肉鸭品种品质。建立品系、保种场和选种标准,从肉用和蛋用两个方向选育提高,分别突出蛋品肉品特色。分别导入外血,育成两个具有地方特色的蛋用和肉用型新品种,进一步发挥黄褐色麻鸭的优势和效益。

第十四节　云南白鹅

一、品种简介

云南白鹅属肉用型地方品种,属云南鹅的主要品系,1987年列入《云南省家畜家禽品种志》,2011年录入《中国畜禽遗传资源志·家禽志》。

二、中心产区及分布

云南白鹅主产于永平县境内的银江河流域、上村河流域。全县博南镇、龙门乡、厂街乡、龙街镇、水泻乡、北斗乡7个乡镇均有饲养,回族聚居的村庄饲养较多,主要分布于博南镇曲硐村和新田村、龙门乡龙门村、厂街乡岔路村、龙街镇上村,分别占总存栏数的40%、20%、15%、10%,其余乡镇占15%。

三、体型外貌

云南白鹅体型中等,体躯匀称,公鹅体躯呈长方形,母鹅体躯呈椭圆形。公鹅头部前额肉瘤发达,向前突出,呈橙黄色。成年鹅虹彩多为黄色,喙、胫色、蹼为橘黄色。成年鹅全身羽毛呈白色,雏鹅羽色为淡黄色。皮肤呈白色。

四、群体数量

永平县2006年云南白鹅存栏23 482只,2010年存栏量为2.15万只;云南省2010年云南白鹅存栏量为41.3万只。

五、生物学特性

云南白鹅在海拔500～2 000 m的地区皆能正常生长繁殖，适宜在江河流域、湖泊、池塘、水沟、沼泽地等水资源丰富的热带、亚热带、温带地段生长，喜温湿。云南白鹅多为中小型鹅，耐粗饲，喜食各种青草、菜叶、人工牧草、糠麸。云南白鹅合群性好，易放牧，一年四季均可放牧，冬季补饲玉米面以填肥。云南白鹅抗病力强，无疫病感染，繁殖力高，抗病虫，耐高温高湿，不耐高寒、干旱。产肉力高，肉质好，风味独特，鹅肝肥大。

六、主要生产性能和繁殖性能

云南白鹅成年公鹅体重可达4.6 kg，成年母鹅体重一般4 kg，全身羽毛雪白，蹼和喙为橘黄色，公鹅的体躯呈长方形，母鹅的体躯呈椭圆形；公鹅一般360～420日龄达到性成熟，母鹅平均390日龄开产，种鹅利用年限公鹅为2～3年，母鹅为3～5年；成年肉鹅屠宰率高，公、母鹅半净膛率分别达到85.12%和85.92%，全净膛率达72.40%和72.07%。

平均蛋重为110～150 g，蛋壳多为白色，也有部分为浅绿色。种蛋受精率为90%，云南白鹅有就巢性，占群体总数的95%。就巢期平均30天。受精蛋孵化率为92%。

七、饲养管理

鹅属食植物性饲料的水禽，各种野生青草和蔬菜均可作为饲料，精料主要是玉米、麦麸、细米糠等。除育肥外，一般很少喂精料，均以在河流、湖泊、小溪、池塘等有水处放牧为主。

饲养管理的基本经验如下：

(1)鹅禁喂油、盐，鹅吃到油、盐易造成死亡，群众有“荤鸭素鹅”的饲养经验。

(2)饲料、饮水新鲜清洁。混合料一般青料占85%～90%，精料占10%～15%，加冷水拌匀，取出部分不滴水为宜。

(3)幼鹅阶段是整个饲养过程的关键，鹅苗出壳后24 h内先喂饮一点清水或米浆，俗称“潮口”；当鹅苗可自由行走、有啄食现象时即可开食，第一次投食先用切成细丝状的青白菜叶加入一些软化的谷物饲料供其自由采食，3日龄后随着日龄增长逐步加大青饲料投喂量，直至其能完全适应青饲料，少喂勤添，保证充足清洁的饮水，30日龄后青绿饲料占比达到80%～90%。

(4)育肥鹅的选择及饲养管理。鹅的育肥一般在秋季，用于育肥的鹅必须选择尾翅羽长齐的公、母幼鹅(约100日龄)。育肥通常是把鹅固定在舍内限制活动，每隔4 h定时填喂。饲料主要是玉米面加少量细米糠，混合加水拌湿制成拇指大小的团粒或块状，然后蒸熟，并冷至室温进行填喂，育肥至鹅出现气喘，脂肪沉积达到高峰即可屠宰。

八、品种保护与研究利用现状

云南白鹅目前还未进行生化或遗传等相关测定，没有提出过保种和利用的计划，也没有建立品种登记制度。未来研究、开发和利用的主要方向是鹅肥肝的营养及美容、药用价值的研究开发利用、腊鹅的科学腌制方法,以及通过本品种选育增加数量,提高质量。

第十五节 云南灰鹅

一、品种简介

云南灰鹅,曾用名高大本地灰鹅,属于肉用型鹅。云南灰鹅产于通海县高大傣族彝族乡,主要分布于乡内的普丛村、五街村、路南村、沙田村、姑娘村、代办村6个村。

二、体型外貌

云南灰鹅胸部宽深,肋骨开张,骨骼粗壮结实,肌肉丰满。头呈方形,有白色肉瘤,颈长、粗而有劲,眼睛为椭圆形,眼睑颜色为白色,虹彩为黄色,颌下有咽袋,呈白色半圆形,大小随着年龄的不同有所差异,年龄越大,咽袋越大。成年母鹅头部清秀,体形呈“瓦筒”形,全身羽毛丰满紧密,眼明亮有神,肩膊紧贴,尾腹宽大,脖子细而长,眼睛为椭圆形,眼睑颜色为白色,虹彩为黄色,眼睛柔和,颌下有咽袋,呈白色半圆形,没有公鹅的大。

公母羊全身毛色以灰色为主,颈羽为灰白色,颈背有一条暗褐色条纹,主翼羽、背羽、镜羽、鞍羽均为灰色,偶见插有少量白色。喙多为黑色,蹠、蹼为橙色或褐色,趾为黑色,公鹅行走时头高昂、步伐雄健,性情暴躁好斗,母鹅行走时步态悠扬,性情温和。

肉色多为淡红色,胫色多为橙色,少量为褐色,喙多为黑色,少数为橙色,肤色为白色。

雏鹅羽毛以灰色为主,喙、蹠、蹼、趾多为黑色,少数呈橙色。

三、群体数量

云南灰鹅近百年来在河谷地区一直受到饲养户的喜爱,饲养数量有增无减,据调查,2005年年末高大傣族彝族乡存栏100只以上的有5户,200只以上的有3户,群体总数为3 565只,其中成年种公鹅350只,能繁母鹅2 810只,小鹅405只,出栏肉鹅22 810只。

四、生物学特性

云南灰鹅耐粗饲,抗病力强,只要做好小鹅瘟、传染性肝炎、传染性胸膜肺炎等疫苗,一般不会发生疾病。但确因饲养管理不善,不重视防疫,也发生小鹅瘟、传染性肝炎、传染性胸膜肺炎和呼吸道疾病等。

五、主要生产性能和繁殖性能

据调查,云南灰鹅初生重200~220 g;成年公鹅体重5.7 kg,母鹅体重5.6 kg,开产鹅蛋重121 g。公鹅180日龄左右性成熟,210日龄开始利用;母鹅开产日龄为186~200天,产蛋量为50~80枚,平均蛋重132 g,蛋壳白色,质稍粗糙。每年有两个产蛋期(3—6月份、9—12月份),1月份、2月份、7月份、8月份为休产期。公母间比例为1:(3~4),采取自由交配,授精蛋授精率一般在90%左右。一般是由母鹅自己产蛋自己孵化;近几年来,部分农户采用土孵化箱进行孵化,受精蛋孵化率一般在92%左右。

六、饲养管理

云南灰鹅无特殊的饲养管理要求，由于耐粗饲、易于饲养，以放牧为主，自由采食，晚上收牧后喂给适当精料，如玉米、小麦、米糠等。

雏鹅开口料主要是用煮熟的玉米、碎米、细菜叶等，饲喂7天后转为稍大的玉米、麦子、菜叶等。15天后即可下水放牧，但时间不宜太长，随着羽毛长齐后，可放牧到河流、田间，但晚上要关回鹅厩，不能让其在外过夜，以免感冒受寒。

放牧以早上太阳出时放出，晚上天黑前关入圈内，圈要严实，不能有贼风侵袭。

防疫方面，主要是小鹅瘟、鸭传染性肝炎、呼吸道疾病等，要定期做好疫苗接种工作。

注意防止中毒现象发生：第一是菜叶中毒；第二是水源污染中毒；中毒轻者影响肉鹅的生长发育，重者导致死亡，造成损失。

七、品种保护与研究利用现状

云南灰鹅还未进行过生化或分子遗传测定，还未建立保种场或保种区。云南灰鹅由于多年来没有进行严格、系统的选育，长期自由交配，近亲繁殖，目前羽色开始出现杂乱现象，体型、生产性能、繁殖性能有所下降。针对云南灰鹅产蛋率不高、体重有所下降的情况，应采用现代科技，以科学的手段，有计划、有选择、有目的地进行选育、繁育，保优去劣，增加数量，确保质量，把云南灰鹅发展成为云南省的一个大产业。

第十六节　云南省地方禽品种的保护与利用

我国是世界上生物资源最为丰富的国家之一，同时也是联合国《生物多样性公约》的缔约国之一。为了全面加强生物物种资源保护和管理，我国于2004年3月31日颁布了《国务院办公厅关于加强生物物种资源保护和管理的通知》，具体提出了生物资源管理的各项实施措施，其中一项是关于开展生物物种资源的调查。

2006年3月1日，云南省农业农村厅办公室下发了《关于开展畜禽遗传资源调查工作的通知》，省人民政府、云南省农业农村厅制定了相应的实施方案，对云南省的地方家禽品种展开调查。为了能更好地开发和利用地方家禽的优良基因，各州市在当地家禽主产区开展保种，群体规模不断扩大，有些品种的保种工作已取得一定的成绩。

一、云南省近年来家禽保种工作

永平白鹅养殖一直沿袭着十分传统的饲养管理方法，存在着重饲养、轻防疫的现象，养殖过程缺乏一整套科学的免疫、消毒程序。建立永平鹅的健康免疫体系，建设示范户、示范村，严格实施免疫程序，认真对鹅场的各种设施设备进行定期和特殊消毒，可从根本上实现永平鹅养殖产业的提质和增效。

1993—1994年云南省农业农村厅把盐津县列为云南省乌骨鸡基地县，于1998年通过省级验收；1998年10月云南省科学技术厅立项，在盐津县开展盐津乌骨鸡基础应用研究；1997年盐津县与云南省禽病研究中心合作，对盐津乌骨鸡疾病进行监测；2000年4月由昭通市人民政府组织，盐津县人民政府投资，与西南大学建立地校合作项目，进行盐津乌骨鸡的提纯复壮、选种选育和营养成分、生产性能指标测定、疫病监测，并制定免疫程序，确定日粮类型，筛选饲料配方。

香格里拉市自2004年开展尼西鸡保种，群体规模不断扩大，从2004年存栏量不足5 000羽到2016年存栏超过10万羽。尼西鸡自2004年开始保种，省级投入保种资金10万元，建立了1个保种养殖场；2008年，省级投入推广资金70万元用于尼西鸡推广养殖，全乡存栏量达5万羽，大型养殖户4户。2016年全乡尼西鸡存栏超过10万羽，有5 000只以上存栏养殖户14户；建立了尼西鸡保种区，在保种区实行雏鸡共育、分户散养，为雏鸡提供适宜环境、优质饲料，并加强防疫、精心管理，提高了雏鸡育雏率，脱温后向保种专业户提供鸡苗。

西双版纳州于1986年开始建立茶花鸡保种群，1999年在景洪市嘎洒镇建立了茶花鸡原种保种场。采取群体选择与家系选择相结合的方式进行选育，群体选择主要侧重于外貌选择；按照产蛋量高、蛋重大、生长速度快、蛋肉品质优良的要求组成封闭群，组成若干个家系，开展家系选择，测定生产性能，在平均数以上的予以留种，实行封闭群内不同家系之间的选配（小群家系闭锁选育），严格避免近亲交配。目前，保种场已拥有核心原种鸡群20个家系1 100多只，父母代种鸡1万多只，商品鸡生产规模达到50万只，有潜在生产能力100万只，同时建立了20个生态保种村，发展了一批规模养殖户。

此外，西双版纳州2004年在云南省农业农村厅的支持下，建立了西双版纳斗鸡原种保护场，进行活体保种，目前拥有保种核心群200只，并进行提纯复壮及选育，建立家系，开展保种前期基础性工作。云龙县提出保种和利用计划，2001年实施“云龙矮脚鸡提纯复壮”课题，通过5年多的保种工作，采用群体继代选育法，核心群数量达290只，取得了阶段性成果。

二、云南省家禽保种工作建议

1. 建设示范户（村）

为便于家禽免疫程序和消毒程序的推广，首先应当建立防疫示范户，示范户应选择距离人口集中区域及公路、铁路等主要交通干线500 m以上，养殖区周围建有围墙，并且养殖区与生活区分开。通过防疫示范户的示范和带动作用，把养殖过程的防疫示范内容逐步推广到自然村、行政村，乃至全县的每户养殖户中，用科学的防疫技术保障和提高禽类养殖的经济效益，从根本上实现养殖产业的体质和增效。

2. 以开发促保种

积极探索保种策略，当前各类畜禽保种模式都结合保种与开发并举，可有效改善群体结构和质量，保护地方品种宝贵的基因和优良特性，以开发促进保种，以保种促进利用。坚持在有效保护地方品种遗传资源的同时，大力推进畜禽遗传资源的开发利用，有组织、有计划地培育一批具有自主知识产权的新品种，建立以“核心群-扩繁群-商品群”为框架的商业化育种模式。引进大型龙头企业带动、发展和壮大产业基地及拓宽销售渠道，把资源优势转化为经济优势，提高生产效益，增强竞争力，实现家禽产业的持续发展。

3. 加大宣传，向外推广

云南省旅游资源丰富，要利用这一优势，通过新闻媒体广泛报道地方品种的高营养价值特性，打造特色品牌，不断提高其附加值。游客旅游来到云南省，喜食地方特色风味，实现旅游和家禽保种双促进。

4. 继续做好保种区的建设

畜牧部门应积极争取政策支持，对现有的禽类保护区进一步扶持保护，给予农户适当的补贴，不允许与外来品种杂交，这样既可以达到品种资源保护的目的，又可以发展地方经济。

5. 与科研机构加强合作，开展基础性研究

通过高等院校、科研单位的合作，积极开展资源的现场调查、分子遗传多样性检测、保种方法研究和地方禽种利用等工作，建立资源基因库，为地方品种保种工作提供技术支持和保障。

6. 要定期组织开展动态监测工作

对保种群各世代个体的外貌特征、体尺和特殊性状等表型性状进行记录和监测，建立各世代的表型性状档案，分析世代间的性状差异，监测保种群的表型性状稳定性。

第九章　云南省特色畜禽资源——马和驴

第一节　马的动物学分类和起源

一、马的动物学分类

在动物分类学上，马（*Equus caballus*）属于脊椎动物亚门（Vertebrata）、哺乳纲（Mammalia）、奇蹄目（Perissodactyla）、马科（Equidae）、马属（*Equus*）动物。马属动物包括马、驴（*Equus asinus*）、斑马（*Equus zebra*）。

二、中国马的起源

1841 年古生物学家 Richard Owen 发现并命名了马化石——Hyracotherium，从而拉开了马起源进化研究的序幕。一般认为，马属动物来源于距今 7 500 万年以前的爬行动物，前后经历了从始祖马（*Eohippus*）、渐新马（*Mesohippus*）、中新马（*Merychippus*）、上新马（*Pliohippus*）到现代马（*Equus*）5 个进化阶段。现代马，即真马，属于全新世，距今 2. 5 万年，包括欧洲野马、冻原马、森林马和普氏野马（*Przewalskii*）4 种原始马种。

中国马的品种资源十分丰富，按品种来源、育种程度及历史情况，中国马品种可分为地方品种、培育品种和引入品种，其中数目最多的是地方品种，约占中国马总数的 90% 以上，体高一般在 115 ~ 135 cm 之间。按历史来源、生态环境及体尺类型等综合因素分为 5 个独立的类型：蒙古马、西南马、河曲马、哈萨克马和西藏马。普遍公认的中国马祖先是普氏野马（也称蒙古野马，*Equus przewalskii*），是迄今生存并保存下来的唯一一种野马。蒙古马主产于内蒙古自治区，是我国北方主要的地方品种并分布于全国其他地方，约占全国总马数的 1/3 以上。由于我国地域辽阔，各地环境条件不一，且各地区选择的目标不同，逐渐形成了各具特征的地方品种类型。

三、西南马的来源与形成

在古生物界，云南马一直作为第四纪早期的代表动物，云南野马是原始的真马。经过研究发现，马的驯化起源于旧石器时代，完成于新石器时代。在这一结论的前提下，加上云南马（第四纪早期的代表动物）化石在早更新世大量出土，而且分布范围较广，可推断西南马的来源。经过一系列的研究和考证，形成了两个起源假说，一是独立起源说，二是外种迁入说。前者认为西南马来源于三趾马（*Hipparion*）或古代一种矮小的野马，如云南野马（*Equn yunnanesis*）。作为第四纪早期的代表动物，云南野马化石属于早更新世，分布广、出土量大。至晚更新世时，云南野马逐渐衰落灭绝。后者认为起源于北方，随古羌人南迁而来，即由北（陕南、四川）往南（云南），再往东（贵州、广西）进行分布。南迁的西北马种(青海马)随着自然选择、风土驯化和人工选择逐渐适应西南自然环境,形成了体形小、窄胸、刀状姿势、抗逆性强、善走山路等特点。

西南马是我国一个优良地方品种系统,体型偏小,平均体高在116 cm左右,躯干较短,颈高昂,鬃、尾、鬣毛丰长,皮薄而被毛绢美纤细,身体结构良好,肌腱发达,蹄质坚实,性格机敏,行动灵活,善于爬山越岭。主要分布于青藏高原南部,云贵高原及其延伸地区,包括云南、四川、贵州、广西、陕西等地。

20世纪80年代初,西南马约占我国马总数的16%;1995年,西南地区马存栏量为271.1万匹,约占全国总数的27%;2006年,西南地区马存栏量为291.1万匹,占全国总数40.46%。就存栏数量而言,西南马可能已经成为中国马种资源的第一大类型。

分布于西南地区的中国矮马(古称为“果下马”)起源也一直存在两种观点,即独立起源说和西南马共源说。独立起源说认为,中国矮马可能来源于云南野马。通过矮马与普通马体质外貌、体尺结构比较认为,矮马的体尺变化只是普通西南马体型大小存在的明显差异,矮马的体高通常在106 cm以下。受自然环境和遗传资源的逐代积累,分化成现代矮马的特征。西南马共源说认为西南矮马起源于北方,随古羌人南迁而来。

从以上普通马和矮马的起源和假说来看,并不能形成唯一的结论。西南马的起源、西南马中的普通马与矮马的关系截至目前还没有更有力的支持结论。或许,起源假说的多样性正是马资源多样性的基础。

第二节　云南省马资源

一、乌蒙马

乌蒙马于1987年列入《云南省家畜家禽品种志》,2011年录入《中国畜禽遗传资源志·马驴驼志》。乌蒙马属于驮乘兼用型山地马。

乌蒙马主产于云南省昭通市,广泛分布于昭通市的11个县区,主要集中在海拔1 200~3 500 m的山区。1986年统计存栏数为140 175匹,2005年统计存栏数为127 244匹,占该产区马匹总存栏数的78.62%。,其中种用公马3 618匹,种用母马47 665匹。分布最多的为镇雄县(36.95%),其次是彝良县(14.88%)、永善县(12.69%)、昭阳区(11.1%)、鲁甸县(7.81%)、巧家县(7.56%)、大关县(5.42%)、威信县(1.77%)、盐津县(1%)、绥江县(0.69%)、水富县(0.13%)。乌蒙马在该地区的数量变化相对比较稳定,近20年来产区的变动很小。

1. 生物学特性和生态适应性

乌蒙马结构匀称,背腰结合良好,腹部大小适中,四肢端正,关节坚强,蹄质坚硬。全身肌肉发达,坚实有力,皮肤柔软富有弹性。被毛短密,尾毛丰长,骝色、栗毛色为主。体重小,善走山路、夜路,善走对侧步,常于崎岖不平的山区复杂路段行走。适应性、抗逆性、抗病力强,耐粗饲,抗寒耐湿,高低海拔均能适应,吃苦耐劳,是山区的主要运输畜力。

2. 品种来源

昭通市古称乌蒙,是乌蒙马的原产地。当地出土的三趾马、云南马化石证明,早在距今100万年以前的更新世时期,乌蒙就已经是原始马的栖息地。曾有报道,在20世纪30年代,昭通境内白水江流域仍然有野马活动的迹象。乌蒙马是三趾马、云南马和当地野马在长期进化中经自然选择,再由人工驯化培育获得的优良品种。

3. 体型外貌

乌蒙马属于山地小型马,体型相对较小,结构匀称,可分为轻型和重型两类。其中,重型马骨骼粗壮,四肢强健,肌肉发达,体质为细致稍偏粗糙,气质中悍偏下,驮用性能良好;轻型马骨骼结实,筋腱配合适当,肌肉发育良好,体质结实细致,气质中悍偏上,适宜乘骑。头中等大,直头,眼稍小而眸明,耳朵大小适中灵活。颈斜且长短适中,颈肩结合良好。鬐甲高度适中,长宽适当。前胸发育良好,胸宽一般,肋骨拱圆。腹围大小适中,背腰平直,四肢端正。关节发育良好,筋腱明显,蹄质结实,后肢呈微刀状筋腱,系部发育良好。毛细,鬃、尾毛浓密丰长。毛色以骝色、栗色为多,占74.9%;黑色占7.1%,青色占6.4%,银色占5.6%,其他毛色占5.3%。

4. 生产性能

役力强大,驮载质量能达到体重的1/3,长途作业公马能驮60~70 kg,驮载速度为4~5 km/h,每日行程约30 km。速力测定为8.39 m/s。挽力单马胶轮车为400~500 kg,双马可以达到700~800 kg。

5. 繁殖性能

一般性成熟年龄公马为1.5~2岁,母马为2~2.5岁。公马和母马初配年龄均为2~3岁。公马配种旺盛期为4~12岁,母马为4~15岁。繁殖配种利用年限公马最长为15岁,一般5~7岁,母马最长为20岁,一般9~10岁。母马发情期配种一般在3—8月份,以4—6月份为旺季,母马受胎率为91%,繁殖存活率为80%。每匹公马的配种数为250匹。

6. 品种保护与利用

目前对乌蒙马尚未建立生化与分子遗传测定体系,尚未提出保种计划和建立保种场,尚未建立品种等级制度。

二、中甸马

中甸马于1987年录入《云南省家畜家禽品种志》,2011年录入《中国畜禽遗传资源志·马驴驼志》。中甸马属于高原驮挽乘兼用小型地方良种藏马。

中甸马属于西南马系统中的高原型藏马,主产于迪庆州香格里拉市(原中甸市)中北部高寒坝区和半山区海拔2 600~4 200 m的区域,中心产区为香格里拉市建塘镇、小中甸镇、格咱乡、洁吉乡尼汝海拔3 200 m以上的高寒山区和坝区,在香格里拉市东旺乡、三坝乡、五镜乡德钦县升平镇、佛山乡、羊拉乡维西县等高寒山区均有零星分布。1980年迪庆州中甸马存栏数为21 460匹,1990年为16 363匹,2000年为8 464匹,2010年仅存6 500匹。

1. 生物学特性和生态适应性

中甸马属于高原驮、挽、乘兼用小型地方良种藏马,属于西南马系统中的高原型藏马,耐高寒,耐粗放管理,耐缺氧,适应混群放牧,耐力好,抗逆性强。

2. 品种来源

关于中甸马的来源没有确切的史料记载,据考古专家发现汉代以前中甸就已经有马的存在,一般认为,中甸马是原始当地马与蒙古马、西藏马和西南山地马杂交驯育而成的具有古老种与近代种过渡迹象的高原小型山地马的一个古老种。

3. 体型外貌

中甸马属于高原小型山地马,马体短小、精悍、体质细致紧凑,骨骼坚实。头小,额较窄,耳小灵活,眼大明亮有神,颈短昂举,颈部肌肉发育良好,头颈结合良好,鬐甲稍低,前胸宽,背腰短而平直。前后躯匀称,后躯发育良好,尻部短圆,体脂肪附着全身,四肢强健结实有力,四肢关节结实,蹄质坚硬。尾毛长、浓,尾础高。被毛以栗色、骝色为多,黑色次之,青紫、白色比较少。

4. 生产性能

根据《中甸县畜牧志》记载,中甸马 1 000 m 速度为 1′33″4 ~ 1′47″6。人乘骑可日行 45 km,可连续行走 6 个月以上。最大挽力为 4 匹马挽拉载重 1 500 kg 的滚珠轴承两轮大车日行 40 km。海拔 2 600 ~ 4 500 m 的高原地区可驮重 60 kg,日行 30 km,可连续行走 5 个月以上。

5. 繁殖性能

中甸马公马 3 岁开始配种,母马 3 ~ 4 岁开始配种繁殖,一般一年一胎,终生产驹 17 ~ 18 匹。母马于每年 4 月下旬发情,5—7 月份为发情配种旺盛期,妊娠期为 330 天。中甸马繁殖率为 91.66%,繁殖成活率为 87.48%。

6. 品种保护与利用

目前对中甸马尚未建立生化与分子遗传测定体系,尚未提出保种计划和建立保种场,尚未建立品种等级制度。

三、永宁马

永宁马,曾称永宁藏马,该品种于 1987 年录入《云南省家畜家禽品种志》,2011 年录入《中国畜禽遗传资源志 · 马驴驼志》。永宁马属于役用型地方品种。

永宁马主产于丽江市宁蒗县的永宁乡,在大兴、红桥、翠玉、宁利、拉伯等乡镇均有分布。2005 年永宁马存栏数为 6 518 匹,其中公马 3 839 匹,母马 2 679 匹;2010 年为4 021 匹。

1. 生物学特性和生态适应性

永宁马具有耐高寒、耐粗饲、抗病虫、合群性强、性情温顺、易饲养的特性。在恶劣气候条件下仍能够正常生长繁殖,运动灵活,善走崎岖山路,富持久力,适合驮载和乘骑,适应于高山深谷及气候垂直差异显著的环境条件。

2. 品种来源

云南西藏地区历来往来密切,通过交易,藏马进入宁蒗永宁,在特殊的生态条件和社会经济条件下,经过当地长期选育而形成的藏马中的优秀类群即永宁马。根据考证,发现永宁马与金沙江以北的古代野生祖先及古代西藏良种马均有血缘关系,但又区别于今日的西藏马和川藏马,长期以来都生活在宁蒗永宁、中甸等地自群繁殖,很少受到外界的影响,遗传稳定,具有一定的数量,最终形成了藏马在云南的一个地方品种。

3. 体型外貌

永宁马体型大而敦实,肌肉丰满,骨骼粗壮,结构匀称。头短而重,额面微凸;耳小而厚、直立、灵活,耳内有绒毛;眼睛大而明亮。颈粗短,肌肉发育良好,头颈结合、颈肩结合良好;鬐甲明显,胸宽腰短,背腰平直,腹大而深,尻斜,背腰结合、腰尻结合良好。姿势端正,关节肌腱发育良好,四肢粗壮,蹄质坚硬,形状正常。尾础低,尾毛长而稀疏。全身被毛粗厚,毛长浓密,距毛多,毛色以栗色(41%)、骝色(23%)、黑色(19%)、青色(9%)居多,其他毛色较少。头部、身体、四肢和尾均无白章。

4. 生产性能

永宁马以驮载和乘骑为主,运动灵活,善走崎岖山路,能长途持久劳役。永宁马能驮载负重 60 kg 行走 40 ~50 km。在缓坡地带,一马拉胶轮大车可挽 1 900 kg。

5. 繁殖性能

永宁马公马 2 岁性成熟,3 岁开始配种,4 ~ 12 岁为最佳配种时期,自然交配比例为 1∶(10 ~15)。一般公马使用年限为 10 ~15 年。普通饲养条件下可生存 22 年。母马2.5 岁性成熟,4 岁开始配种,5 ~15 岁为最佳配种时期。一年一胎或三年两胎,终生产驹8 ~ 14 匹。母马发情季节为 4 ~6 月,发情周期为 15 ~28 天,妊娠期为 335 天左右,一般在次年 3 ~4 月产驹。繁殖率为 92.68%,繁殖成活率为 88.4%。一般母马使用年限为 12 ~ 15 年,普通饲养条件下可生存 25 年左右。

6. 品种保护与利用

目前对永宁马尚未建立生化与分子遗传测定体系,尚未提出保种计划和建立保种场,尚未建立品种等级制度。

四、新丽江马

新丽江马于 1987 年录入了云南省家畜家禽品种志》,2011 年录入《中国畜禽遗传资源志·马驴驼志》。新丽江马是引用国外优良马种与本地马杂培育形成的过渡型培育马种,属于驮挽兼用型。

新丽江马原主产于丽江市,现主产于丽江市玉龙县,丽江古城区的七河、金山、束河等乡镇均有分布。1986 年新丽江马存栏数为 16 127 匹,2005 年为 8 371 匹,减少了48.1%。

1. 生物学特性和生态适应性

新丽江马在培育过程中有意识地保留了 12.5% ~50% 的本地马血液,对当地复杂的自然环境和粗放的饲养管理有较强的适应性。在海拔1 800 ~3 000 m 的地区皆能正常生长繁殖。合群性强,易放牧,耐粗饲。

2. 品种来源

新丽江马产地的本地马属山地驮乘马,为适应经济发展的需要,从 1953 年开始先后引入阿拉伯蒙古杂种马、阿拉伯马、卡巴金、河曲、伊犁马和小型阿尔登马等品种,以本地母马为基础,采取两元一次杂交和三元两次杂交的方法,生产大量杂种马并培育了保持本地马1/4(引种马)、轻种马1/4(阿蒙杂、卡巴金、河曲)、重种马1/2(小型阿尔登)遗传组成,最终生产出群体特点基本一致、遗传性稳定的新丽江马。

3. 体型外貌

新丽江马体格粗壮紧凑,体质干燥结实,结构匀称协调,性格灵活温顺。头中等大、清秀、额宽,鼻孔大、鼻翼薄,眼睛明亮、有悍威,耳朵小,颈长短适中、颈形高举向前、颈肩结合良好、肩长斜,鬐甲发育良好,胸部宽浅者多,尻斜长。前肢较为端正,后肢略微外展。蹄质坚硬,尾础偏高,尾长、毛浓密。全身被毛,毛色多为骝色(42.2%)、栗色(17.2%),少为黑色、青色。常出现花背。

4. 生产性能

新丽江马能驮重80 kg,日行50 km,驮载速度为5 km/h,在高原地带可持续驮运3个月。3马挽力胶轮大车挽重1 500 kg日行50 km。

5. 繁殖性能

新丽江马公马2岁性成熟,3~4岁开始配种,5~8岁配种能力最强;母马2岁性成熟,3岁开始配种,终生产驹8~13匹,发情季节集中在3—7月份,发情周期平均为24天,产后平均10~20天第一次发情,妊娠期为348.7天,繁殖率为93%,一般使用年限为12年。

6. 品种保护与利用

目前对新丽江马尚未建立生化与分子遗传测定体系,尚未提出保种计划和建立保种场,尚未建立品种等级制度。

五、腾冲马

腾冲马于1987年录入《云南省家畜家禽品种志》,2011年录入《中国畜禽遗传资源志・马驴驼志》。腾冲马是驮乘挽兼用马。

腾冲马主产于腾冲县北片明光乡的自治、麻栗、沙河,界头乡的大塘、西山、水箐,周家坡,滇滩镇的联族、云峰、西营,猴桥镇的轮马、胆扎、永兴等边缘村寨,最大的群体为50匹左右。近年来腾冲马的数量逐年减少,2005年存栏数为12 135匹,2010年为1万匹。

1. 生物学特性和生态适应性

腾冲马的适应性强,性情温和,能吃苦耐劳,富持久力,特别适应高热潮湿的环境,是优良的乘驮挽的兼用型马。驮载100 kg,日行30 km,可持续工作10~15天。在海拔1 000~3 000 m的地区皆能正常生长繁殖。合群性强,易放牧。抗病力强,但是容易感染马喘气病。

2. 品种来源

由于腾冲特别的地理优势,与缅甸、印度、中亚商人进行交易,商业驮运需要和腾冲草场资源条件的综合影响下,腾冲马得以形成。腾冲马的形成过程可能受到野生祖先马的影响。

3. 体型外貌

腾冲马体格较大,体质粗糙结实,结构匀称。头部长脸型、清秀匀称,耳朵大小中等向上直立。颈细、长短适中、水平颈,头颈、颈肩背结合良好。鬐甲不高,大小适中。平胸、宽度适中、胸深不足、肋圆。腹围大、稍下垂。背腰平直、较长,腰部中等,腰背、腰尻结合良好。尻稍斜。四肢肌肉发育较好、四肢粗壮、关节结实,筋腱发育良好,后肢多呈外弧肢势。体质坚硬。尾毛长、浓密适中。毛色以骝色、栗色居多,黑色、青色、花色为少。

4. 生产性能

腾冲马的挽力为 350 ~ 40 kg,驮重 80 ~ 120 kg,1 000 m 的速度为2′30″,1 600 m 的速度为 4′。

5. 繁殖性能

腾冲马公马 2 岁性成熟,3 岁开始配种。母马 2 岁性成熟,3 ~ 4 岁开始配种,一般使用年限为 18 年,发情季节为 2—3 月份,发情周期为 18 ~ 21 天,妊娠期为 11 个月。繁殖率为 92% ,繁殖成活率为 80.8% 。

6. 品种保护与利用

目前对腾冲马尚未建立生化与分子遗传测定体系,尚未提出保种计划和建立保种场,尚未建立品种等级制度。

六、大理马

大理马于 1987 年录入了《云南省家畜家禽品种志》,并列入《中国畜禽遗传资源名录》。大理马属于役驮兼用小型马种,母马主要用于生产繁殖役用骡。

大理马主产于云南省西部横断山系东缘地区的山区、半山区,广泛分布在鹤庆、剑川、大理、洱源、宾川等县,以及附近地区和漾濞、巍山和云龙各县山区。2008 年,大理马存栏数为 15 000 头,2011 年为 15 200 头,其中鹤庆为 5 300 头(33. 64%),剑川为 5 258 头(33. 37%),大理为 4 000 头(25. 39%),其他地方零散分布。

1. 生物学特性和生态适应性

大理马普遍生活在山区、半山区,山地适应性强,在海拔 1 000 ~ 3 000 m 的地区皆能正常生长、繁殖。大理马采食能力强,耐粗饲,合群性强,易放牧,抗逆性强,抗病能力强。

2. 品种来源

大理马的进化根据化石考证与野生祖先有一定的关系,而且唐宋以来因为马市交易也对大理马的形成产生了一定的影响。加上当地饲养管理马匹的传统积累了大量的选种选配经验,最终培育出了具有特殊经济价值的大理马。

3. 体型外貌

大理马体型矮小紧凑,粗糙结实。头部平直、稍小,少数呈楔头型,清秀。耳朵微短而尖,眼睛稍小但有神。颈部为水平颈,短而薄,颈肩结合良好,有一定界限。鬐甲偏低,长短中等。胸部窄而浅,大小适中。四肢结实,肌腱发育良好,系部短而立,后肢呈外弧肢势。蹄低、薄、坚韧。尾部多数为长尾,尾毛浓,尾基高低适中。毛色以骝色居多,栗色、黑色和青色次之,沙色、白色很少见。

4. 生产性能

大理马单马驾车可挽 300 ~400 kg,日行 30 km。长途乘骑可行 35 ~45 km。大理马的驮立较好,一般马可驮 65 kg,最高可达 80 kg,日行 30 km,长途运输可以持续半个月以上。

5. 繁殖性能

大理马公马 1.5 岁性成熟,2 ~3 岁开始配种,每匹公马可配 35 ~60 匹母马。母马 1 岁左右性成熟,2 ~2.5 岁开始配种。公马和母马的使用年限均为 15 年左右,有的可以达到 20 年,5 ~13 岁为繁殖旺盛期。母马发情季节主要集中在 3—8 月份,5 月份为发情配种高峰期,妊娠周期为 342 天,繁殖率为 78%,繁殖成活率为 74%。

6. 品种保护与利用

目前对大理马尚未建立生化与分子遗传测定体系,尚未提出保种计划和建立保种场,尚未建立品种等级制度。

七、文山马

文山马于 1987 年录入了《云南省家畜家禽品种志》,2011 年录入《中国畜禽遗传资源志・马驴驼志》。文山马是山地驮挽兼用马。

文山马主产于麻栗坡、丘北、广南、富宁八县,文山、砚山、西畴、马关也有分布。文山马 2005 年存栏数为 67 614 匹,其中以富宁最多(19 936 匹),其次是麻栗坡(11 970 匹)、丘北(10 071 匹)、马关(7 583 匹)、广南(7 387 匹)、砚山(5 454 匹)、文山县(3 736 匹),西畴最少(1 477 匹)。

1. 品种生物学特性和生态适应性

文山马具有耐劳、耐粗饲、食量小、易调教、抗炎热潮湿、持久力强等特点。主要用于驾乘、驮运物资、拉车,在坝区还可以用于犁地、耙田等役用。对当地气候适应性较强,抗逆性强,但是容易感染鼻疽、气喘病、马腺疫、马流感等疾病。

2. 品种来源

有化石和史料记载证明文山马有野马向家马进化后形成的云南山地系马,后来由于生存环境空间的改变逐渐形成了现代文山马这一地方品种。

3. 体型外貌

文山马体质坚实紧凑,有悍威,体型匀称,有短效精悍的特点。头型为宽额型、中等大小、外貌清秀、面平直。眼睛大小适中,耳朵小而竖立,鼻型平直。颈部稍短,斜度适中,肩部长短角度适中。鬐甲稍低,背腰平直,肋弓圆。胸宽、腹部适中尻部稍微倾斜,尾基高,尾毛浓密,姿势端正,关节发育良好,四肢关节结实,肌腱发育良好,系部蹄质坚硬。被毛类型为异质型,颜色有栗色(46%)、骝色(17%)和青色(16%)为主,褐色、灰色、白色占 21%。

4. 生产性能

挽力为 285 ~ 330 kg,拉重为 2 080. 8 kg。1 000 m 乘骑速度为 2′21″,驮重为 60 ~ 210 kg。

5. 繁殖性能

公马 1.5 岁性成熟,2 岁开始配种,可使用年限为 17 ~ 20 年。母马1.5岁性成熟,2 岁开始配种,发情期为 4—6 月份,全年均可发情,妊娠期为 340 天,4 ~ 12 岁繁殖能力最强,繁殖年限长达 14 ~ 18 年,终生可产驹 8 ~ 11 匹,繁殖率为 90% 以上,繁殖成活率为 96% 。

6. 品种保护与利用

目前对文山马尚未建立生化与分子遗传测定体系,尚未提出保种计划和建立保种场,尚未建立品种等级制度。

八、云南矮马

云南矮马于 2009 年录入《云南省省级畜禽遗传资源保护品种》,2011 年录入《中国畜禽遗传资源志 · 马驴驼志》。云南矮马为役用型地方品种马。

云南矮马主产于屏边苗族自治县湾塘乡和白河乡,尤其以湾塘乡的阿卡村比较集中。2005 年云南矮马存栏数为 1 867 匹,其中屏边县 1 384 匹,其他地区 780 匹,另外在文山州存栏有 118 匹,普洱市存栏 365 匹。2010 年云南矮马存栏数有所提高,为 2 500 匹,其中屏边县存栏数为 1 500 匹。

1. 生物学特性和生态适应性

云南矮马的适应性较强,在海拔 200 ~ 1 900 m 的地区皆能正常生长繁殖。云南矮马耐粗饲、易放牧、抗病力强,对喘气病的抵抗能力较强。

2. 品种来源

云南矮马形成历史无从考证,主要生活在交通不便的山区、半山区,独特的自然生态环境和当地少数民族的生产生活习惯对云南矮马的形成和发展起到了重要作用。但是,云南矮马为云南当地的地方品种之一。

3. 体型外貌

云南矮马体型匀称,结构发育良好,短小精悍。体质坚实紧凑,有悍威特点。整个头部细而清秀,血管显露,轮廓明显。眼睛中等大小,耳朵薄、短、小而直立,耳毛细密。颌面中等宽大,颈略长瘦。头颈、肩颈结合良好,鬐甲较短且窄。胸部深长但较窄,背腰平直,结合良好。腹部略下垂。尻部较宽,中等长短,多呈圆尻,稍斜。前肢正直,后肢稍弯曲,无外弧,四肢关节坚实,肌腱发育良好。蹄圆,蹄质坚硬。尾为大扫帚,毛密,尾础平或偏高。骝色占 25% ,栗色占 30% ,乌白色占 13% ,青色或白色占 18% 。

4. 生产性能

云南矮马驮重能达到其体重的一半,驮重 50 ~ 80 kg 日行 21 ~ 30 km。役用时间可以达到 20 年。

5. 繁殖性能

公马2岁性成熟,2.5～3岁开始配种,5～12岁繁殖能力最强,繁殖年限可以达到17～20年。母马2岁性成熟,3岁开始配种,全年可发情,多集中在4—6月份,最高繁殖年限可达到16～20年,终生可产驹8～11匹,妊娠期为335天。

6. 品种保护与利用

目前对云南矮马尚未建立生化与分子遗传测定体系,尚未提出保种计划和建立保种场,尚未建立品种等级制度。

第三节　云南省驴资源

一、驴生物学

按照动物分类学,马和驴同属于马属不同种,它们有共同的起源。驴(*Equus assinus*)为单胃食草动物,属哺乳纲(Mammalia)、奇蹄目(Perissodactyla)、马科(Equidae)、马属(*Equus*)。驴性情温顺,耐粗饲、耐旱、耐饥渴、抗病力强、性成熟早,善于驮载,作为农业和交通运输业的辅助动力,是传统畜牧业不可或缺的重要役畜。在经济价值体现方面,驴肉市场比较可观,驴皮加工业也非常受青睐,驴以其独特的生物学特性,展现出巨大的经济价值。

在更新世以前,马、驴和斑马在化石结构特征上还无法鉴别。从三门马起,化石野驴已经出现在我国许多地区,与化石马伴生。这些野驴化石说明从这个时期起,驴与马形态开始分化并形成独立的品种。

近代野驴一般分非洲野驴(*E. atae-nioniopus*)和亚洲野驴(*E. ahemionus*),又分别称为腓驴和骞驴。亚洲野驴现有3个野生亚种,即库兰野驴、康驴和奥纳格尔驴。在公元前4 000年以前,驴的驯化在非洲东北部就已经出现,后经迁移和选择,在世界各地形成了各具特色的驴种。侯文通等认为,由于染色体核型上的差异,我国家驴可能来源于非洲。而有些学者认为新疆驴产区与国外亚洲野驴中心产区伊朗、阿拉伯等国相接近,又与国内亚洲野驴产区青海、内蒙古、西藏相连,故此地的驴可能起源于骞驴。

驴在全球分布广泛,亚洲驴头数约为全球驴总数的47%,其次为非洲、拉丁美洲和欧洲。我国驴存栏数居世界第一,其次为埃塞俄比亚、墨西哥、巴基斯坦、伊朗、埃及等国。我国产驴地区辽阔,不同的生态环境、社会经济条件、饲养水平和选育方向造就了各具特色的地方品种。在西部及北部牧区,有新疆驴、凉州驴、西吉驴等小型驴,属于干旱、半干旱生态类型;在中部平原,有关中驴、晋南驴、德州驴等大型驴,属于平原生态类型;在西南高原,有四川驴、西藏驴等小型驴,属于高原生态类型。在丘陵山地有广灵驴、泌阳驴等中型驴。

我国家驴共有23个地方品种,体型外貌和生产性能各异,依据《中国马驴品种志》分类为:①分布于西北高原地区,长城内外华北、陕北以及江淮平原、川、滇地区,体高在110 cm以下的小型驴;②分布于华北北部和河南中部地区,体高为115～125 cm的中型驴；③分布黄河中下游的关中平原、晋南盆地、冀鲁平原地区，平均体高 130 cm 以上的大型驴。

近年来，相对于其他家畜而言，驴遗传资源的保护、研究、利用工作远远落后。为了合理保护和利用驴品种资源，有必要对我国驴的种质资源进行研究，探讨我国家驴的起源问题，并分析其遗传多样性，为我国家驴地方品种的保存、评估和开发利用提供科学的依据。

就云南省现存驴资源情况来看，主要有云南驴和红河驴两种家驴品种，是云南省家畜中比较传统的农业和运输辅助动力。

二、云南驴

云南驴于 1987 年录入了《云南省家畜家禽品种志》，2011 年录入《中国畜禽遗传资源志・马驴驼志》。云南驴属于肉役兼用型驴。

云南驴主产于大理州境内海拔较低、气候干燥、干旱少雨的地区，主要分布于祥云、宾川、鹤庆、洱源、弥渡、巍山等县，其中宾川县和祥云县较为集中，数量也最多，宾川县驴存栏数占云南驴总数的 35.05%，祥云县驴存栏数占云南驴总数的 23.4%。

2010 年调查得知，云南省云南驴存栏数为 23.6 万匹，其中大理 6.95 万匹，楚雄 6.8 万匹，丽江 3.8 万匹，昆明 2 万匹，宝山 1.5 万匹，曲靖 1.1 万匹，普洱 0.9 万匹，昭通 0.4 万匹，怒江 0.1 万匹。大理州存栏数占全省存栏数的 37.1%。

1. 生物学特性和生态适应性

云南驴适应性强，在海拔 1 400 ~ 3 200 m 的地区皆能正常生长繁殖。不择食、耐粗饲，吃苦耐劳、耐高温、高湿，耐干旱，性情温顺。抗病力、合群性强，易放牧。

2. 品种来源

解德文等人于 1995 年从地质演化、文物考古等方面研究对比，认为西南马、驴为单独一个系统，现在的云南马、驴是云南各族人民的祖先在新石器时代由野马驯养成家马、家驴的。而云南驴的形成，与其所处的环境条件和饲养方式密切相关，干旱、严酷的生活条件是云南驴体格矮小的重要原因之一。

3. 体型外貌

云南驴体型较小、结构紧凑、被毛纤细。头较大、头型直、额宽、眼大、耳大而直立、耳薄尖、鼻平直、嘴小而短。头颈结合、颈肩结合良好，但有一定界限，背腰长而平直。鬐甲偏低偏短，胸深而不广，腹部下垂，尻部斜短。四肢坚实，细长端正，关节发育良好，蹄质坚硬，呈黑色，尾毛长、浓，尾础高。毛色以栗色最多（56%），灰色居中（27.7%），骝色最少（0.8%）。

4. 生产性能

云南驴产肉性能较好，净肉率达到 68.51%。云南驴役用性能较好，一般路面可拉重 300 ~ 500 kg，日行 30 ~ 40 km。驮重 60 kg，日行 30 ~ 40 km。能吃苦耐劳，持久性好，性情温顺。

5. 繁殖性能

公驴 1.5 ~ 2 岁性成熟，母驴 2 ~ 2.5 岁性成熟。公驴和母驴均可在 3 岁开始配种，繁殖旺盛期为5～15岁,2—7月份发情较多,4—5月份为配种旺季。母驴繁殖年限为18～20年,一般三年两胎,终生产驹10～15匹,妊娠期为360天。年平均受胎率90%,繁殖成活率为92%。

6. 品种保护与利用

目前对云南驴尚未建立生化与分子遗传测定体系,尚未提出保种计划和建立保种场,尚未建立品种等级制度。

三、红河驴

红河驴,俗称毛驴。红河驴依据2006年遗传资源调查时因属于云南红河区域性品种而命名。红河驴是役肉兼用型的地方品种。

红河驴主产于石屏县的龙朋镇、哨冲镇、龙武镇,建水县的李浩寨乡、利民乡、坡头乡、官厅镇,弥勒市、元阳县、屏边县、红河县、绿春县、个旧市、蒙自市、泸西县、开远市等地也有零散分布。2005年统计得知红河驴存栏数为11 026匹。

1. 生物学特性和生态适应性

红河驴适应性强,在海拔300～2 000 m的地区皆能正常生长繁殖。耐粗饲、易管理、食量小、耐饥渴、耐重役。抗病能力强,只要饲养得当,不易生病。

2. 品种来源

红河驴的形成历史难以考证,据石屏县文字记载的历史已经有1 254年。红河驴与云南驴极为相似,可能与云南驴来源一致。

3. 体型外貌

红河驴矮小、紧凑结实、肌肉发育良好。头较粗重、额宽、眼大有神、耳大而长、颈部较细,鬐甲细短,胸部较窄,背腰短而平直,腹部稍下垂。尻斜且高,尾短毛密、尾础偏低。头、颈、肩、背、腰结合良好。四肢端正,肌腱结实,蹄质坚硬、黑色。毛色以栗色(40%)和灰色(40%)为主,黑色(8%)和青色(8%)少,少数肩部有一条铁青带,多数有粉鼻、白肚特征。

4. 生产性能

红河驴产肉性能较好,净肉率达到60%以上。役用性能较好,红河驴一般路面可拉重450～500 kg,日行30～40 km。驮重60 kg,日行30～40 km。红河驴与云南驴载重能力相当。

5. 繁殖性能

公驴1.5～2岁性成熟,母驴2～2.5岁性成熟,3～3.5岁开始配种,春、夏、秋三季发情,主要在夏季,三年两胎,妊娠期为360～390天。红河驴终生可产驹6～9匹,繁殖旺盛期为5～15岁。繁殖率为90%以上,繁殖成活率为95%以上。

6. 品种保护与利用

目前对红河驴尚未建立生化与分子遗传测定体系,尚未提出保种计划和建立保种场,尚未建立品种等级制度。

第四节　云南省马和驴资源的保护与利用

云南省是我国畜禽遗传资源最丰富的省区之一，马、驴资源也比较丰富，与云南省的农业生产联系紧密。云南省的马、驴品种大多具有肉质好、耐粗饲、适应性好、抗逆性强、地方类群多样化、系统选育程度低等特点，是云南发展特色畜牧业的种质基础。但由于各种因素的限制和制约，这些资源基本还没有形成良好的保护与利用机制和体系，保护利用工作相对滞后。本节主要针对云南省 8 个马品种和 2 个驴品种资源现状进行阐述，针对问题提出一些保护和利用的对策。

一、云南省马、驴资源保护与利用面临的问题

针对全国畜禽遗传资源保护利用规划和云南省畜禽遗传资源现状，云南省 2009 年发布了第 15 号公告，公告了云南省第一个《云南省省级畜禽遗传资源保护名录》，有 44 个畜禽遗传资源列入保护名录，为全面开展畜禽遗传资源保护和管理工作提供了良好的法律保障，也为云南省马、驴资源的保护和利用提供了一些政策上的支持。然而，目前云南省马、驴遗传资源的保护和利用相关工作仍然面临着较大的困难和挑战。针对这一现状，总结出马、驴遗传资源的保护和利用所面临的问题主要表现在以下几个方面。

1. 遗传资源不清晰

对于云南现有的有些马、驴品种的起源存在争议，说法不一致对马、驴遗传资源调查增加了很大的难度，这一现象也同时体现在我国其他地区的马、驴品种。

2. 专业科技人员少，科技投入不到位

相关部门虽然在马、驴遗传资源保护工作中做了大量工作，但是由于相关科技人员相对较少，科技配比不能满足当前的研究工作。加上全省大型马、驴养殖场相对较少，很多属于农户小规模散养类型，对品种的保护增加了难度。

3. 没有建立遗传资源体系

目前，对云南省所有的马、驴品种均未建立生化与分子遗传测定体系，未提出保种计划和建立保种场，未建立品种等级制度。保种场的建立不仅需要资金投入，还要大量的科技投入。资金项目难申请，科技人员配比不足是导致马、驴遗传资源体系建立的主要原因之一。

4. 养殖规模化和标准化困难重重

云南省目前大规模的马、驴养殖企业不多，很多都是农户小规模散养形式，集约化、规模化的产业形式尚未形成。养殖业的规模化和标准化讲究“种、料、管、防”，这就需要政府相关部门的支持、科研力量的投入、养殖企业的建立、消费市场的确立等方面均需要配套合作才能形成较好的产业链。然而，目前各个相关环节的力量均比较薄弱。

5. 市场前景大，但是产品开发不足

有需求就有市场，目前云南省马、驴资源的利用主要是肉、奶、皮革等方面的行业，对

医药和保健品开发方面较少。尽管如此,相关加工业发展还是相对滞后,加上相关产品价格相比其他畜禽产品高一些,目前消费市场相对比较窄。比如大理白族自治州目前的养殖规模和驴肉加工企业现状,驴肉主要在少数自由集贸市场零售。驴奶产量不高,鲜奶产业面临较大困难,目前云南省内乃至国内没有从事驴奶生产和加工的龙头企业。由于马、驴的市场现状,在相关方面的研究也就自然没有猪、鸡、羊、牛等畜禽方面的投入高,形成了相关科研工作发展滞后的结果。

二、云南省马、驴资源保护与利用的对策

随着道路交通工具的变革,马、驴的驮载功能逐渐被现代交通工具所替代,但是仍然有一些地方由于高原独特的地理环境和生态环境条件,马、驴驮载功能还无法被替代。目前对马、驴的食品和药品需求量虽然不是很大,但是市场前景很好。因此,有必要在做好马、驴遗传资源品种保护的前提下,发展相关的市场经济,提高马、驴产业,形成集遗传资源研究、品种保护、生产、销售于一体的产业链。因此,提出以下几点对策,以做好保护云南省马、驴遗传资源的工作。

1. 清晰品种遗传资源

只有做好从品种起源、地域来源、生态类型、经济用途和文化特征的多样性等一系列相关工作,才能为下一步的研究工作打好基础。建立有效的生化与分子遗传测定体系、保种计划和建立保种场,建立品种等级制度,只有对一个品种的遗传资源了解清楚才能对该品种进行有效的保护。

2. 增加科技投入

增加科技投入,包括关于马、驴的科研项目资金的投入、相关专业科技人员的投入。只有科研实力跟上了,遗传资源的保护工作才能得到有效地开展,清晰马、驴遗传资源才不至于是一句空话。比如,以县级为单位,组织相关专业技术人员进行全面的调查,对于马、驴资源比较集中的地方,一个县最少要有 1 或 2 位具有马、驴相关专业背景的技术人员;政府相关部门也应该提高对马、驴遗传资源的保护意识,适当加大对相关工作的资金项目的投入。虽然云南省目前所有的马、驴资源还未面临濒危状态,但是有些品种数量一直处于下降的趋势。因此,相关工作必须要得到重视。

3. 建立保种育种场

保种工作是一项重要而艰巨的任务,目前云南省对马、驴产业的重视程度是不够的,相关保种育种工作虽然在进行,但是开展进度很慢。因此,应该建立有效的保种计划,对各个品种的保护工作落到实处。在明确对该品种进行保护的意义和确定好品种保护的对象后,进行有效的品种选育、鉴定登记、家谱建立、生产性能测定和遗传特性评定。另外,在没有了解清楚种质特性和经济性状之前,切莫盲目引种、杂交和繁育,否则对一个地方的品种资源保护工作会带来麻烦。

4. 避免品种间杂交问题

随着社会、经济的发展,交通运输条件的不断改善,各地区之间的商品和物种流通更加方便。对于两个品种之间地域相隔不是很远的地区,比如新丽江马和永宁马所处区域

同处于丽江市境内且这两个品种的主产区是毗邻的两个县,这两个品种之间就可能因为地域相隔不远而存在品种间的交叉问题。因此,为避免品种间交叉问题,建立各品种的保种育种场是很有必要的。

5. 发展规模化和标准化养殖基地

资源保护工作绝非一个部门就可以做好,需要整个产业链中的每一个环节参与合作才能做好品种资源保护工作。对于一个品种的集约化和规模化养殖,一方面可以对其进行集中管理,能够比较有效地进行人为的干预并向好的方向发展;另一方面,规模化、集约化养殖可以有效地积累该品种的养殖相关经验,对品种的建立和发展非常有利。另外,标准化养殖对品种来源、家谱建立和种质特性以及鉴定等工作都可以做得很好,同样有利于品种的建立和发展。

6. 加大产业产品加工投入,促进市场消费

对于马、驴产业的利用,除了对其驮载性能的维持以外,就是对奶产业、肉产业、皮革产业、医药行业、保健品行业上的开发和利用。目前很多养殖企业没有发展起来,多数处于农户散养的状态,难以形成产业链模式。因此,规模化、集约化、标准化养殖对相关的食品、药品、保健品行业的发展非常有利,市场打开了以后,源头产业自然会适应市场需求有目标地进行发展和利用。

第十章　云南省特色畜禽资源——蜂

第一节　蜜蜂生物学

一、蜜蜂的分类

蜜蜂在分类学上属节肢动物门(Arthropoda)、昆虫纲(Insecta)、膜翅目(Hymenoptera)、细腰亚目(Clistogastra)、针尾部(Aculeate)、蜜蜂总科(Apidae)、蜜蜂亚科(Apinae)、蜜蜂属(*Apis*)。目前,全世界公认的已知的蜜蜂种类有9个种,分别为东方蜜蜂(*Apis cerana* F.)、西方蜜蜂(*Apis mellifera* L.)、大蜜蜂(*Apis dorsata* F.)、黑大蜜蜂(*Apis laboriosa* S.)、小蜜蜂(*Apis florea* F.)、黑小蜜蜂(*Apis andreniformis* S.)、沙巴蜂(*Apis koschevnikovi* B.)、绿努蜂(*Apis nulunsis* T.)和苏拉威西蜂(*Apis nigrocincta* S.)。

蜜蜂的分类也是经过了漫长的历史和多次的总结后才确定的,最后确定了以上9个蜜蜂的种。根据Ruttner的研究,1988年描述了蜜蜂属所具有的形态特征:①具有半透明的阳茎;②翅脉直伸型。行为特征:①用自己分泌的蜂蜡做成巢脾,巢脾垂直于地面,两边均有巢房;②巢房具有多功能使用性并具有可重复性,用以储存蜂蜜、花粉,供子代发育;③均为社会性昆虫,具有聚集行为;④可以通过舞蹈信息和化学信息进行个体与群体之间的交流;⑤通过采水来给蜂群居住的环境降温。

二、蜜蜂的形态

蜜蜂是一种独特的社会性昆虫,具有一般昆虫所共有的形态特征,又有自身独特的结构。如工蜂的花粉筐等结构,赋予了它们具有采集花粉和蜂胶(东方蜜蜂不采集蜂胶)的功能,几十微升大小的蜜囊,在众多工蜂个体的集体劳动下能聚成几十千克的蜂蜜提供给整个蜂群。蜜蜂的这些本领能够满足蜂群复杂的社会性生活所需要的各种功能。蜜蜂的外部形态是人们识别和分类的重要依据,内部形态是了解蜜蜂机能和内部生命活动的必要前提。而从蜜蜂发育过程来看,蜜蜂由于是全变态的社会性昆虫,其一生经历了卵、幼虫、蛹和成虫四个阶段,不同生长阶段的特征显著不同。其中,卵白色,细长,两端钝圆,乱性略弯,形似香蕉;幼虫头小,由头向后逐渐增粗,共有13个体节,整个幼虫阶段都是生活在巢房内部;蛹可以分为幼蛹和成熟蛹,三体节分节明显,三节大小相近;当蛹完成3次蜕皮之后,蛹壳破裂成蜂羽化出房,分头、胸、腹三节。

三、蜜蜂的生物学特性

蜂王、雄蜂与工蜂在蜂群中统称为三型蜂,是整个蜂群的组成部分。在正常情况下,蜂王只有一只,在蜂群中起着维持整个蜂群稳定和繁殖后代的作用;雄蜂的存在较为特殊,只有在繁殖季节会有一定数量出现;蜂群中主要还是以工蜂为主,正常蜂群工蜂数量在2 000~35 000只。

蜂王属于二倍体,是由受精卵发育而来。蜂王发育的巢房比较大,而且口朝下。当工蜂建造出一个王台台基之后,蜂王会在上面产卵,3天后卵孵化为幼虫,幼龄工蜂会分泌蜂王浆至王台中。5天的幼虫期完成后,蜂王幼虫进入蛹期,工蜂分泌的蜂王浆足够蜂王幼虫维持从预蛹到成熟蛹期间的食物需要,8天之后蛹羽化出房。蜂王具有交配能力,卵巢发育完整,具有完全产卵能力,蜂王上颚腺分泌的信息素即蜂王信息素(Queen Mandibular Pheromone, QMP)能抑制工蜂的卵巢发育。蜂王的寿命平均为5年,最长为8年,蜂王的寿命可能与其终生食用蜂王浆有决定性关系。

工蜂是蜂群中最重要的组成部分,是蜂王产下的二倍体后代。工蜂承担了蜂群中的绝大部分中作,从巢内清理、饲喂幼虫、食物采集、巢门守卫等一系列工作均由工蜂承担。蜜蜂作为社会性昆虫,有着明确的劳动分工,不同日龄段的工蜂从事的工作都有明确的分工。蜂王与工蜂的基因型是一样的,但是二者之间的表型却有着很大的区别。工蜂没有功能性的受精囊和交配囊,无交配能力,卵巢发育不完整,一般情况下不具有产卵能力,工蜂的寿命平均只有42天,而在采集繁忙的季节平均寿命只有35天。蜂王与工蜂之间的这些差异,最主要的可能是因为两者在不同的营养条件或是差异性饲喂而引起的,其中蜂王浆是蜂王与工蜂产生级型分化的关键,但是蜂王浆对蜜蜂级型分化的调控机制目前还不清楚。

蜜蜂的雄蜂在蜂群中相对于工蜂和蜂王的作用要小一些,只是与蜂王交配并在交配后死亡,只有在繁殖季节或者其他特定情况下才会大量出现。雄蜂是由未受精卵发育而成的单倍体个体,一般情况下,当繁殖季节到来,由蜂王在工蜂预先做好的雄蜂房中产下未受精卵发育而成。另外,在蜂群失王之后,因为没有蜂王信息素的影响,工蜂的卵巢不受到抑制而发育产卵,发育出来的也是单倍体雄蜂,可与蜂王交配产生可育后代。如图10.1所示。

图10.1 蜜蜂的养殖与生长繁殖

第二节　东方蜜蜂

一、东方蜜蜂的形态及分布

东方蜜蜂是西方蜜蜂的姊妹种，二者之间的亲缘关系最为接近。东方蜜蜂和西方蜜蜂由于自然条件下长期的地理隔离，不同的生长环境、气候条件、植物区系等因素，使得它们在形态、个体发育和生活习性等方面形成了不同的生物学特性。东方蜜蜂个体相比西方蜜蜂个体稍小，工蜂身体黑色，腹节有明显或者不明显的褐黄色环，全身被褐色绒毛，幼蜂尤为明显，体长约 12 mm，吻长约 5 mm，发育时间为 20 天，寿命大约 42 天。雄蜂黑色，被褐色绒毛，体长约 13.5 mm，不负责蜂群其他工作，在性成熟后与蜂王完成交配后不久便死亡，发育时间为 23 天，寿命大约 60 天。蜂王体色有两种，一种是整个腹部呈黑色，另一种是腹部呈暗黄色，并有明显的黄色环。蜂王体长为 18 ~ 25 mm，发育时间为 16 天，寿命为 5 ~ 8 年。

东方蜜蜂广泛分布于整个亚洲，南至因印度尼西亚，北至乌苏里江以东，西至阿富汗和伊朗，东至日本。主要集中在热带和亚热带地区，其次是温带地区，是 1793 年法布莱修斯根据采自我国的中蜂标本而定名的。在印度采集的印度中蜂、日本采集的日本中蜂与我国的中蜂均属于同一种的不同亚种。最后将中蜂种类统一命名为东方蜜蜂（*Apis cerana*）。

二、东方蜜蜂的生物学特性

东方蜜蜂属于穴居昆虫，在自然状态下，生活于树洞、岩穴等比较隐蔽的地方筑巢，蜂巢由多片巢脾组成。行动敏捷，发现蜜源速度快，尤其在蜜源条件不好的情况下善于采集零星蜜源，采集半径为 1 ~ 2 km 范围。

东方蜜蜂比较勤劳，出勤时间早，收工晚，嗅觉灵敏，善于利用零星蜜源，产卵育虫习性比较灵活，能适应外界蜜粉源的变化。一般情况下，东方蜜蜂一年的产蜜量平均在 15 ~ 20 kg。因此，东方蜜蜂是比较稳产的蜜蜂蜂种。

螨害是养蜂业中尤其是西方蜜蜂养殖中最常见的病害，东方蜜蜂的抗螨性很强。尽管如此，在东方蜜蜂蜂群中，还是可以见到大蜂螨、桉螨等蜂螨危害。很多时候东方蜜蜂蜂群中的这些蜂螨不需要用药物进行治理，因为这些蜂螨的危害是季节性的，感染蜂螨的蜂群仍然可以正常繁殖和生产。

东方蜜蜂适宜定地饲养。东方蜜蜂主要养殖区域还是分布在山区，尽管在农作物种植区有一部分分布。饲养在山区的蜜蜂一般交通都比较闭塞，不利于蜂群转场。另外，在山区饲养的东方蜜蜂，外界蜜源比较分散且一年四季均有蜜源植物开花流蜜，可以满足东方蜜蜂的蜜粉源需求。若想将产量提高，可以对东方蜜蜂进行小转地饲养，即将原地饲养的蜂群搬迁至 30 km 范围内的另一个蜜源较为充足的地方饲养。

东方蜜蜂除了以上对生产有利的特性之外，还是有其不足的。与西方蜜蜂相比，其主要缺点表现为分蜂性强，分蜂前通常修造 7 ~ 15 个王台，王台到一定时期老蜂王会带着一部分工蜂飞离原群重新找地方筑巢安家；抗巢虫能力弱，尤其是蜂群群势较弱的蜂群，蜡螟危害尤为明显；喜欢咬掉老旧巢脾；盗性强，尤其是在外界蜜源条件不好和出现缺蜜时，一旦出现盗群，群势弱的蜂群损失严重甚至整群盗垮；产卵力弱，一天产 600 ~ 1 000 枚卵，而西方蜜蜂蜂王一天产卵数量可达 2 000 枚；失王之后容易出现工蜂产卵的现象。

三、东方蜜蜂的亚种

根据 1983 年在山东出土的蜜蜂化石考证，证明东方蜜蜂于 2 500 万年前起源于我国。从亚洲东方蜜蜂分布情况来看，我国是东方蜜蜂饲养最为广泛的地方，有 5 个亚种分布，分别为中华蜜蜂（*A. c. cerana*）、海南中蜂（*A. c. hainanensis*）、阿坝中蜂（*A. c. abanesis*）、印度亚种（*A. c. indica*）和西藏中蜂（*A. c. skorikovi*）。印度亚种（*A. c. indica*）主要分布于印度，日本亚种（*A. c. Japonica* ）分布于日本。

中华蜜蜂是在我国饲养规模最大的东方蜜蜂，主要集中在南方各个省份；海南中蜂主要分布在海南和广东；西藏中蜂主要分布在我国西部海拔 2 000 ~4 000 m 的地区，群体规模较其他亚种小；阿坝中蜂是东方蜜蜂亚种中个体最大的，主要分布在海拔2 000 m左右的高原和山区，主要分布于四川、甘肃、宁夏和青海地区；印度亚种在我国主要分布于靠近喜马拉雅山脉的西南地区，其体型与海南中蜂类似。

第三节　云南地区的东方蜜蜂资源

一、云南地区东方蜜蜂资源分布

云南省地处我国西南边陲，位于北纬 21°8′32″ ~ 29°15′8″，东经 97°31′39″ ~ 106°11′47″之间，北回归线横贯其南部。云南省东部与广西壮族自治区和贵州省相连，西部和西南部与缅甸接壤，南部与越南、老挝毗邻，北部同四川省为邻，西北部紧倚西藏自治区。云南地势西北高东南低，海拔差异明显。全省气候类型丰富多样，有北热带、南亚热带、中亚热带、北亚热带、南温带、中温带和高原气候区共 7 个气候类型。由于地形复杂和垂直高差大等原因，立体气候特点显著。最突出的特点是年温差小，日温差大，降水充沛，干湿分明，分布不均，气候垂直变化差异明显。特殊的地理位置和地形地貌造成云南省内蜜蜂资源的生物多样性。

云南省蜜蜂种类在全国是最多的，我国所拥有的 6 个蜜蜂种类云南省都有，分别是东方蜜蜂、西方蜜蜂、大蜜蜂、黑大蜜蜂、小蜜蜂、黑小蜜蜂，其中东方蜜蜂和西方蜜蜂在全省范围内均有分布，大蜜蜂、黑大蜜蜂、小蜜蜂、黑小蜜蜂主要分布在海拔较低的西双版纳，普洱、临沧、红河等地也有分布。

关于云南的东方蜜蜂，杨冠煌和匡邦郁于 1985 年提出可分为 3 个亚种，即中华蜜蜂（*A. c. cerana*）、印度中蜂（*A. c. indica*）和西藏中蜂（*A. c. skorikovi*）。印度中蜂个体最小，体色以黄色为主，该蜂种分蜂性比较强，不能维持大群，生产性能相对其他蜂种低一些，目前仅在云南省南端与缅甸毗邻的西双版纳、普洱、临沧地区分布。西藏中蜂个体较印度中蜂大，体色灰黄或灰黑色，分蜂性较弱，可以维持较大的群势，主要分布于滇西北的迪庆州和怒江州，与尼泊尔和巴基斯坦的东方蜜蜂同属一个亚种，合并为喜马拉雅亚种(*A. c. himalaya*)。中华蜜蜂体色以黑色为主，体型相对较大，分蜂性较其他的两个蜂种弱，生产性能也较好，可维持较大群势。云南省地区三种东方蜜蜂亚种的生物学特征及区域分布见表10.1。

表10.1　云南省地区三种东方蜜蜂亚种的生物学特征及区域分布

种类	体长/mm	颜色	习性	主要分布区域
中华蜜蜂	工蜂:10～13 蜂王:14～19 雄蜂:11～14	黑色 黑色或棕红色 黑色	分蜂性较弱	全省均有分布
西藏中蜂	工蜂:11～12 蜂王:14～18 雄蜂:11～13	灰黄或灰黑 黑色或棕红色 灰黑	分蜂性稍弱	迪庆、怒江
印度中蜂	工蜂:9～12 蜂王:14～16 雄蜂:10～11	黄色 黄色或棕红色 灰黄	分蜂性强	西双版纳、普洱、临沧

二、限制云南省东方蜜蜂产业发展的因素

作为养蜂大省，云南省的主要饲养蜂种是东方蜜蜂，因此对蜂产业体系的建立至关重要。目前，云南省蜜蜂产业体系的工作主要由云南农业大学东方蜜蜂研究所负责，此外还有云南省农业科学院蚕桑蜜蜂研究所和云南省蜂产业技术交流中心也参与蜂产业体系相关工作。就东方蜜蜂而言，这些部门主要负责云南省蜂产业体系的建立、中蜂示范区的建立、蜜蜂病虫害的防治、养蜂新技术的推广和云南省中蜂资源保护及利用。纵观近几十年云南省养蜂行业的发展历程，总体来看发展缓慢，经济效益没有达到预期效果，总结限制云南省养蜂业发展的因素如下。

1. 政府支持力度不够

养蜂业作为特种经济动物中的一种，有其独特的市场前景和应用价值，但是与其他畜禽养殖如猪、牛、羊等大型动物相比，蜜蜂及蜂产品不是人们生活中的必需品。虽然人们也看到发展前景，但中蜂产业行业小，所以资金支持力度小，致使发展速度缓慢。

2. 蜂农技术的掌握不到位，蜂业科技人员数量不足，项目实施工作进度缓慢

养蜂行业算是比较冷门的行业，从事这一行业的科技人员较少，加上全省养蜂人员比较分散且很多是在较为偏僻的农村，要对养蜂人员集中起来培训成本较高，难以开展相关推广工作。近年来，全省对养蜂扶贫项目的增加，更是凸显出养蜂行业对相关科技人员需求的紧缺。大部分山区、半山区仍进行土法饲养，致使产品质量差、产量少。虽然这些地方也接受了一些新的养殖技术，但不根据各地的气候、蜜源等特点适时繁殖蜂群，经济效益低下导致养殖人员失去信心。

3. 争取项目的力度不够

能够大力发展中蜂养殖业的地方由于没有项目支撑，当地政府管理部门不重视，所

以发展速度迟缓。有些地方虽然也进行了技术培训、推广，但没有实质性进展，加上养蜂人员总体文化水平偏低，对养蜂难以形成技术体系，做不到理论与实践的有效结合。

4. 蜂群小而散，蜂农年龄老化，技术推广运用发展不平衡，普及步伐缓慢

活框饲养中蜂的技术推广工作已经进行了几十年，从未间断过，尽管如此，活框饲养技术在山区蜂农中得到有效运用的很少。有些蜂农经过了新技术的培训后，回去试着应用到实践过程中觉得过于复杂，慢慢地又回到传统养蜂。很大一部分原因是蜂农的年龄结构造成的，因为蜂农群体总体上还是年纪偏大，守旧思想较为严重，且对新技术的接受能力相对较弱，最终造成了技术推广和应用发展得不到有效的衔接，从而形成了不平衡的局面。

5. 饲养规模小，资金投入少，技术推广和研究相对滞后

蜂农大部分是文化水品相对偏低的农民，很多蜂农还是按照传统的方式养蜂，造成养蜂新技术很难得到有效推广。另外，很多蜂农不愿意在养蜂上进行资金投入，对养蜂规模没有太大的欲望，超过50群规模的蜂场比例偏低，最后形成了因技术人员本来就紧缺的同时，科技推广工作效率事倍功半。

第四节　云南省东方蜜蜂资源的保护与利用

一、云南省东方蜜蜂资源保护的困境

作为云南省主要的蜜蜂品种，东方蜜蜂具有抗病力、抗逆性强，饲料消耗低，采集周期长等特点，在长期的进化过程中，适应了当地的气候条件，成为云南省自然生态体系中不可缺少的环节，具有十分重要的生态价值。自从20世纪末期西方蜜蜂被引入国内饲养后，由于其生产性能好、繁殖能力强，逐渐在养殖上占据优势，而原来分布较广、多样性丰富的东方蜜蜂品质则出现严重退化并且数量锐减。究其原因，主要有两点。

1. 西方蜜蜂对东方蜜蜂的生存竞争

蜜蜂虽然拥有人工饲养的习性，但是依然保留自然物种的特征，即在自然界中自由取食，并参与种间竞争，依然充当生态体系中的角色，这也是蜜蜂区别于普通畜禽等家养动物的特征。所以当引入外来品种以后，必然会对本土近缘物种产生干扰竞争和不良的生态效应。西方蜜蜂的扩张对我国本土东方蜜蜂生存竞争带来两方面的影响。

(1)分布区域不断缩小。

西方蜜蜂被引入云南省以来，由点向面地迅速扩散，分布在全省各个地州，很多地方西方蜜蜂的饲养规模超过东方蜜蜂，导致中蜂分布区域迅速减少。具有代表性的地区是云南省曲靖市的罗平县，该地区由于油菜种植规模较大，吸引了全国多地的蜂农前来饲养西方蜜蜂采集油菜蜜，导致野生东方蜜蜂资源不断地发生缩水的现象，目前仅云南的西部、南部个别地区还保留片状分布，如西双版纳热带雨林区域。

(2)蜂群数量急剧减少。

在未引进西方蜜蜂时，山林中的野生蜂群十分稠密，据匡邦郁教授1988年的调查显

示,云南省保存的东方蜜蜂种群数量为89.6万群,居全国第一位,但西方蜜蜂被大量引入后,尤其是西方蜜蜂的蜂种改良和养蜂新技术应用以后,东方蜜蜂的种群数量不断减少,目前云南省饲养和野生的东方蜜蜂资源不超过50万群。

2. 环境的破坏进一步加重了东方蜜蜂资源的减少

和西方蜜蜂不同的是,东方蜜蜂目前仍然处于野生或半野生状态,所以其对环境的依赖性要远大于西方蜜蜂。改革开放以来,我国经济快速发展,自然资源被过度利用,丰富的物种资源受到严重威胁,环境保护压力与日俱增。蜜粉源植物对蜜蜂生存来说是不可或缺的,然而蜜蜂不仅依赖于开花植物为其提供花粉和花蜜作为食物,而且其生命活动还受到气候环境因素的影响。因此,平衡生态系统的任何改变,都会对蜜蜂的种类组成和个体数量产生很大的影响,特别是当栖息地环境发生剧烈的变化时,原有的蜜蜂群体因不能适应新的生态环境条件而无法继续生存。杨龙龙等通过调查反映出西双版纳地区种植橡胶以后一定程度上改变了当地的生物多样性,人为改变当地生态环境后,对蜜蜂遗传多样性带来了严重的影响。

二、云南省东方蜜蜂资源保护与利用措施

蜜蜂作为全球最主要的授粉昆虫之一,其生态价值不仅体现在农业生产,更体现在整个生态系统的平衡稳定。因此,对蜜蜂资源的保护和利用是一项重要的生态工作。云南省为农业大省,蜜蜂资源的保护和利用对云南省的经济作物、农作物乃至云南省生物多样性的保护均有着重要的生态学意义。因此,结合云南省的实际情况,提出对云南省东方蜜蜂资源保护与利用的措施,具体如下。

1. 东方蜜蜂的有效保护

(1)有效维护云南省生物多样性。

生物多样性为东方蜜蜂生存与繁衍奠定了基础。东方蜜蜂资源的保护既要保护它的种质资源,更重要的是保护其所生存的环境。生物多样性是植物、动物、微生物组成复杂的生态系统和生物群落。只有恢复生态,完善植被,创造生物多样性条件,减少对野生东方蜜蜂自然生存环境的破坏,科学地进行饲养与繁种才是保护东方蜜蜂的重要措施,才能更好地对东方蜜蜂资源持续利用。

(2)丰富蜜粉源植物。

东方蜜蜂采集能力很强,善于利用零星蜜源和采集大蜜源。要利用它的这种特性,开展人工栽培蜜粉源植物以完善其生存与繁衍所需条件,为东方蜜蜂生存与繁衍提供充足的食物。在云南地区,比较适合种植的蜜粉源农作物有油菜、苕子、板栗、玉米等,也可以适当地增加当地较适合生长的植物如五倍子、菊花、益母草、藿香、香薷等。培植蜜粉源植物是东方蜜蜂保护与持续利用的一项重要措施,保证蜜蜂全年至少能采集到足够的食物,对品种种质资源的保护也十分有意义。

(3)农药使用的控制与管理。

对于农作物和经济作物而言,为了追求更高的经济效益,尤其在开花时期,会对作物进行农药喷施,以减少虫害,增加坐果率。与此同时,蜜蜂在采集含有农药成分的花蜜后

会出现严重中毒而导致大量死亡的现象,有些蜂群劳动分工严重失衡而迅速衰退,甚至直接垮群。有的种植区为了降低劳动成本大量使用除草剂,对周边的蜜粉源草本植物生长形成了毁灭性的态势,对周边蜜蜂的生存造成了严重的威胁。因此,对农药的管控也应该得到重视。另外,对于人工养殖的蜜蜂,在得知周边要喷施农药时,提前关闭巢门,减少蜜蜂的出勤率,降低工蜂的死亡率。

(4)建立东方蜜蜂养殖示范区。

目前云南省在很多地州如姚安、武定、祥云、蒙自等地都建立有中蜂示范区,且近年来云南省政府养蜂扶贫的力度加大,这些养蜂示范区可以对当地及周边地区的养蜂人员进行有效的技术指导和组织技术培训,推广活框饲养技术、人工育王技术、蜂群管理技术,提高养蜂人员的专业技术及理论知识。建立示范区的另一个重要的工作就是把握好适合云南各个地方生存的优势蜂种,对优势蜂种加大养殖力度。

(5)对野生东方蜜蜂资源的保护。

西方蜜蜂的引进,对野生东方蜜蜂的生存造成了严重的威胁。虽然目前在野外还几乎没有发现野生状态的西方蜜蜂蜂群,但是西方蜜蜂的引进对东方蜜蜂尤其是野生东方蜜蜂蜜粉源的食物争夺造成了很大的生存压力,导致野生东方蜜蜂种群数量不断减少。但是,野生东方蜜蜂资源的严重缩水与人类活动也是分不开的,砍伐加剧、农药使用、环境污染等因素也是导致野生东方蜜蜂资源减少的主要原因。因此,保护好环境、减少农药使用和控制滥砍滥伐对蜜蜂资源的保护至关重要。

2. 东方蜜蜂的合理利用与产业发展

(1)合理利用自然资源进行养蜂生产。

在一个完整的生态系统中,生物总量是相对平衡的,蜜粉源的总量与东方蜜蜂密度是均衡的。在中东方蜜蜂生产中,往往加大密度饲养,会形成食物缺乏,尤其在缺乏季节,人工饲养的蜂群蜂巢内缺少食物引起飞逃,越冬期严重缺乏食物会造成中蜂饥寒交迫而死亡。因此,在山区东方蜜蜂饲养密度应根据当地蜜粉源植物存量,把握好生态平衡的规则是科学饲养与合理利用的基础。

(2)利用东方蜜蜂生态养殖,实现精准扶贫和促进旅游业发展。

云南省是旅游大省,山区多,生态环境良好,蜜源水源丰富。开展蜜蜂生态养殖,利用养蜂和旅游绿色结合,规划建设蜜蜂生态庄园、蜜蜂休闲文化以及观光体验养蜂场及蜜源植物观赏园,提高山区农民经济收入,实现精准扶贫,既能保护生态环境,又能开发旅游产品促进地方旅游业发展。

(3)发展设施农业与养蜂业有机结合。

大规模果蔬种植区可以适当发展养蜂业,为这些设施农业作物进行授粉,提高产量。如位于红河州的蓝莓种植区,可以饲养一定规模的东方蜜蜂,在蓝莓开花季节,利用蜜蜂对蓝莓进行授粉,提高作物产量和品质。对于大棚种植的如西红柿、草莓等作物,可以与养蜂结合,提高产量和品质。

第十一章　云南省特色畜禽资源——犬

第一节　犬　　类

一、犬的分类及发展历程

狗(*Canis lupus familiaris*),亦称犬,属于脊索动物门(Chordata)、脊椎动物亚门(Vertebrata)、哺乳纲(Ma mmalia)、真兽亚纲(Eutheria)、食肉目(Carnivora)、裂脚亚目(Fissipedia)、犬科(Canidae)动物。

犬作为人类最早驯化的家养动物,是驯化史上独一无二的与人类有紧密联系的哺乳动物,被称为人类最忠实的朋友,与马、牛、羊、猪、鸡并称"六畜"。有科学家认为犬是早期人类从灰狼驯化而来的,驯养时间大约在4万年前至1.5万年前。

大概从200~300年前以来,随着人类社会活动的需求,会根据自己的意愿和使用目的而加大对犬的选育强度,因此犬类品种数量的上升较快,目前世界上有超过400个不同品种的犬。

二、犬的体型差异

经过研究者多年来对犬类的研究和分析得知,犬是与其他野生祖先表型差异最大的陆生驯化动物,不同品种犬之间的外形差异也是比其他食肉目中各个科之间的差异最大的动物,其中体型是犬类最为明显的表型特征,因此,本节介绍犬类不同体型的明显差异。

犬是所有陆地脊椎动物中体型差异最大的动物,最小品种犬与最大品种犬的骨骼大小相差大概40倍。有学者调查了解到,小品种犬吉娃娃的平均体重只有1.8 kg,而大品种犬獒犬体重可高达90 kg,几乎是最小的吉娃娃的50倍。世界上最高的犬其体重达70.3 kg,直立时身高达2.25 m。最小的犬体重仅453 g,身高只有9.65 cm。

三、犬体型大小差异的遗传研究

同样是灰狼的后代,在仅仅几百年的时间内,犬是如何演化出这么多体型各异的品种的,很多科学家带着这个疑问展开了一系列的研究。针对犬体型大小的第一个研究对象是葡萄牙水犬,因为该犬是美国当时相对较新的犬类品种,其家族系谱非常详细且可追踪至30代左右,使它成为体型性状研究中最好的研究对象。

遗传信息对该品种标准的制定和性状研究提供了非常有力的证据。Chase等人于2002年对500只葡萄牙水犬的X射线骨骼图进行详细分析,最终制定了92个骨骼参数,再利用全基因组微卫星扫描数据,结合葡萄牙水犬种群骨骼变异的主成分分析,发现葡萄牙水犬15号染色体(CFA15)上一个15 Mb的区域有2个数量性状位点(FH2017和

FH2295)与葡萄牙水犬的体型大小密切相关。

后来Sutter等人对决定犬体型大小的基因位点的确定做了大量的研究工作,该研究仍是从葡萄牙水犬开始。首先对15号染色体15 Mb区域的SNP进行重测序,进一步将该区域锁定到4 Mb以内,然后研究者对463只葡萄牙水犬在这个区域的116个SNPs和体型大小进行关联分析,发现在胰岛素样生长因子1(Insulin-like Growth Factor 1,IGF1)基因附近出现了峰值。接着研究者又对来自于526只犬的116个SNPs进行关联性分析,发现在IGF1区域的杂合率降低,小型犬的平均杂合率只有大型犬的25%,因此进一步确认了此区域是大、小体型的犬分化的主要关联区域。后来数据分析将区域锁定到了20个SNP,最终确定了5号SNP是最佳候选对象,小型犬中的碱基是A,而大型犬中的碱基是G。接着对143种品种犬中等位基因A的频率进行分析,发现A的频率和品种的体型强烈负相关,即*IGF*1基因上单个SNP的突变决定了犬的小体型,最终确定了5号SNP是家犬体型大小决定性突变位点。之后又相继确认了多个与体型大小相关的重要基因座。

2012年,Hoopes等人专门针对平均体高在25 cm以下的915只小型犬进行研究,在3号染色体(CFA3)上鉴定出了一个新的犬体型相关基因座——胰岛素样生长因子1受体(IGF1R)基因。Rimbault等人在2013年通过精细定位发现了对体型有显著影响的另5个基因,46%~52.5%犬种的体型差异可以通过包括IGF1和IGF1R在内的6个候选基因上的7个基因座来解释。在标准体重小于41 kg的品种中,这6个基因的突变可解释64.3%的犬体型变小的原因。Plassais等人在2017年对大型犬种与小型犬种进行了一项全基因组关联分析(GWAS),发现大体型犬的骨骼大小和体重与胰岛素受体底物4(IRS4)、长链酯酰辅酶A合成酶4(ACSL4)和抑制素结合蛋白1(IGSF1)基因的变异密切相关。

第二节　云南省犬类介绍

一、昆明犬

昆明犬是公安部昆明警犬基地从1963年开始选育,于1964年选育形成,2007年1月12日经过国家畜禽遗传资源委员会特种动物专业委员会鉴定通过的品种。2007年6月29日由中华人民共和国农业农村部第878号公告,获得证书编号为“农08新品种证字第1号”,并于2011年录入《中国畜禽遗传资源志·特种畜禽志》。

2006年昆明犬核心群数量有700只,基础种群有1 600只。自1988年昆明犬通过公安部鉴定,至2005年共育成3万余只,向全国各警种全面推广应用,其他行业也大量使用。目前昆明犬已经推广至全国31个省、直辖市、自治区,并出口至新加坡、泰国、越南、朝鲜和巴基斯坦等国家。在公安、军队、武警、海关、企业、地震救援、动植物检验检疫等部门广泛使用。

1.培育过程

根据公安部提出的要研究培育我国自己的警用犬品种的指示,昆明警犬基地在1995年从民间收集20只(6公、14母)种犬的基础上,在相对封闭的条件下进行扩繁和训练。

按照选优去劣的原则进行种犬的选育,形成了昆明犬的原始种群。建立基础育种群后,采用群体继代选育的育种方法,制订选育计划、选种标准,完善系谱资料,并结合警犬的警用特点进行环境适应性、警用性能、使用效果检测;通过对体型外貌、嗅觉灵敏、胆大凶猛、猎取欲强、驰骋能力持久、灵活敏捷、容易训练、对主人忠诚及适应各种环境气候、各种现场的能力等条件的选择,经过 8 ~ 10 个世代的连续选育,形成了完整的昆明犬培育体系和核心种群。经过在全国各地应用证明,该犬具备警用犬所需的各项指标性能,利用范围广阔。

2. 体型外貌

昆明犬体型中等偏大,外形轮廓清晰匀称,略近方形,体长稍大于体高,比例为 10∶9 ~ 10∶9.5。全身结构紧凑,肌肉发达,骨骼结构紧密,关节强健,后肢较直立。体型匀称,体质结实,运动灵活,皮肤紧绷,被毛较短。

头部呈楔状,轮廓清晰、整齐,公犬头大、粗壮,母犬头清秀。眼睛大小适中,眼睑紧绷,眼球为杏形,不凸出,虹膜暗褐色或杏黄色。两耳自然直立,大小适中,向外张开,活动灵活。颅顶部圆形,脸无明显皮褶,有轻度额鼻阶。吻部较细长,其长度大于或等于额部长度。鼻墨黑色,光泽湿润。唇紧贴而结实。牙齿整齐坚固,共 42 颗,呈剪状紧密咬合,被嘴唇完全包裹而不暴露。

颈部轮廓清楚,大小、长度与头部相称,皮肤紧绷、肌肉结实。鬐甲略高,背板较平直,背部两侧有斜面,臀部较短,略倾斜。胸廓较深而稍窄,胸深小于体高的一半,胸围尺寸大于体长。自胸骨剑状突向后到腹部形成向上弯曲的光滑腹线,腹围中等。俯视背腰部结实,背宽腰短。侧视背腰线接近水平,呈收腹状。

上臂与肩胛的关节呈直角形,两前肢直立,互相平行,骨骼呈椭圆形,粗细适中。前肢长度与体型比例协调,肘部平行,下臂直立,掌部与垂直线形成的角度小于 20°,关节强健,肢较细,脚趾紧贴,部分犬后腿有退化趾,脚垫较厚、结实,爪短而色深,趾间毛短,颜色较一致。大腿肌肉发达,后肢较直,骨骼呈椭圆形,长短粗细适中。

尾根粗壮,长度适宜,尾形呈剑状或钩状,静止时自然下垂,兴奋时略向上翘起。被毛短而紧贴,色泽光亮,毛直而均匀,针毛层密。毛色分为狼青色(狼青品系)、草黄色(草黄品系)和黑色带黄褐色斑纹(黑背品系)。

狼青品系毛色为狼青色,头颅和脸面较小,鼻梁较长,吻部细长,两耳间距较小,虹膜呈暗褐色。颈长、腹围小,肌肉结实,尾稍长、较直。草黄品系:毛色为草黄色,头、颈、腹围介于狼青与黑背品系之间,鼻表面饱满,虹膜呈杏黄色。背部易长卷毛。黑背品系背部毛色为黑色,腹部带黄褐色斑纹,头大,脸面较宽,鼻梁较短,嘴筒短粗,两耳间距较大,脸部有明显的蝴蝶斑,虹膜呈暗褐色,颈短,腹围较大,四肢发达,躯体粗壮。

3. 生产性能

昆明犬具有嗅觉系统灵敏、扑咬凶猛、猎取欲强、驰骋力强、机警灵敏、适应性强、忠实主人等品质, 适用于追踪、鉴别、缉毒、搜爆、守候、护卫、消防、地震救援等专业。幼犬培训合格率达到 93%,训练中形成条件反射快,且比较巩固,基础科目成绩优秀,追踪科目优秀,鉴别科目良好,能较好地适应各种现场使用。

公犬性成熟期为11～14月龄,初次配种适宜时间为24月龄。公犬性欲旺盛,性反射强,交配次数达到100次/年,可常年配种。精子密度高,精子活力在0.7以上。母犬性成熟期为8～11月龄,初次配种适宜时间为24月龄。发情持续时间平均为12天,妊娠期为58～62天。母犬发情无明显季节性。母犬受胎率达到89.1%,窝平均产仔数为8.1只,初生重为(495±64)g,断奶仔犬成活率为88.24%。

二、迪庆藏獒

迪庆藏獒,当地藏语称为“孤此”,又称藏狗、藏狮,属于大型犬类。迪庆藏獒主产区位于迪庆高原高寒地区,中心产区在迪庆州香格里拉市建塘镇,小中甸镇,洛吉乡和德钦县升平镇、佛山乡、云岭乡,迪庆州境内各地和周边地区均广泛分布,丽江、大理以及昆明也有人饲养。根据2010年年底调查统计,迪庆州共有迪庆藏獒12 000只。

1. 体型外貌

藏獒的体型外貌可以分为狮头型和虎头型,狮头型被长毛、厚实,颈部饰毛发达,颇似雄狮;虎头型被毛短,颈部饰毛也短,头突出,颇似虎头。

额宽,鼻和唇呈黑色,鼻孔圆形,鼻上部至头后部大而宽,鼻呈圆筒状、宽大。眼球为黑色或黄褐色,眼眉上侧有对称的黄色圆点,杏仁形或三角形,大小适中。耳朵呈三角形,自然下垂,较大,长宽比例接近,紧贴于3面部。脸呈楔形,上嘴唇下垂,下嘴唇有微小褶皱,短而粗,分为平嘴、小吊嘴和包嘴。胸深、发育良好,肋骨开张。肩胛稍隆起,背腰平直而宽。四肢粗壮、直立、强劲有力,腕部角度适中,飞节结实,爪呈虎爪形,掌肥大、对称,从爪上部到腿后部长有排毛。尾毛长,尾自然卷于臀上,呈菊花状,下垂时尾尖卷曲,可分为斜菊和平菊两种。被毛长8～30 cm,按颈毛、尾毛、背毛、体毛、腿毛、脸毛的顺序递减。

被毛呈双层,底层被毛细密柔软,外层被毛粗长。根据毛色,藏獒分为4类:

①黑色藏獒。全身黑色,颈下方、胸前有白色斑(胸花),又称黑熊,藏语“洞娜”。

②铁包金藏獒。背黑,腿黄或棕,两眼上方有2个黄色或棕色圆点,毛色整齐、胸花小为佳。

③黄色或棕色藏獒。全身冒为金黄色、杏黄色、草黄色、橘黄色或棕色,毛色整齐、胸花小为佳。

④白色藏獒。全身雪白,鼻呈粉红色,无杂色为佳。

2. 性能特点及用途

藏獒抗病力强,耐寒怕热,适应高海拔高寒地区。善解人意,嗅觉、听觉、触觉器官发达,视力、味觉较差,记忆力强,勇猛、忠实,对陌生人具有攻击性。喜欢食肉和带有腥味的食物,具有广食性、暴食性、护食性、领地性、社群性。平均寿命为13岁,少数达到18岁以上。性格刚毅,力大威猛,野性尚存,发出声音大,低沉洪亮,节奏感强,使人望而生畏。善攻击,对陌生人有强烈的敌意,但对主人亲密至极,任劳任怨,孤傲不逊,感情专一,忠于主人,嫉妒与忠诚并存,善斗,好战,果断,彪悍,倔强,沉着,冷静,稳重。公藏獒12月龄、母藏獒8月龄即达到性成熟,公藏獒24月龄、母藏獒20月龄即达到体成熟。1年发情1～2次。窝产仔数4～5只,多达8只,繁殖成活率达到90%以上。

藏獒主要还是用于看护牛羊、看家护院、狩猎和治安防范。

第三节　云南省犬遗传资源的保护和利用

一、昆明犬遗传资源的保护与利用

一个品种遗传资源的保护需要花费大量的人力、物力、财力，因为一个品种的维护最主要的还是需要将该品种的遗传资源与其他品种的遗传资源进行隔离，避免杂交，从而将该品种的遗传资源较好地保存下来。针对昆明犬，采用保种场保种的方法，目前已经建立核心群保种场、种犬精子库。公安部昆明警犬基地成立了昆明犬研究室，用 RAPD 技术对昆明犬的狼青、草黄和黑背品系进行了遗传分析，结果显示昆明犬群体具有较丰富的遗传多样性。3 个品系中，狼青和草黄的亲缘关系较近，狼青与黑背的亲缘关系次之，草黄与黑背之间的亲缘关系较远。

二、迪庆藏獒遗传资源的保护与利用

迪庆藏獒至今尚未进行相关生理、生化或分子遗传技术手段等测定，未建立迪庆藏獒育种场，未建立品种登记制度，未建立健全选育方法、选育标准及规范的选育措施，只有几家民间行为的养殖基地进行选育工作。针对这种情况，相关部门应该采取相应的措施，尽快将云南省特有的畜禽遗传资源保护起来。

三、其他犬类遗传资源的保护与利用

云南省是个多民族的省份且地理位置复杂，很多偏僻的山区都有人类居住。在这些山区交通闭塞，尤其是 20 世纪之前，很少与外界联系。这些地区也有犬类，人们俗称“土狗”，而且很可能就是当地的一个品种。如有必要，相关部门应该对全省范围内的犬类做一个全面调查，对云南省的犬类遗传资源有全面的把握，对发现的新品种应该加以保护。

参考文献

[1] 国家畜禽遗传资源委员会. 国家畜禽遗传资源品种名录[M]. 北京:中国农业出版社,2020.

[2] 郑丕留. 中国家畜家禽品种志[M]. 上海:上海科技出版社,1989.

[3] 联合国粮食与农业组织. 世界粮食与农业动物遗传资源状况[M]. 北京:中国农业出版社,2007.

[4] 国家畜禽遗传资源委员会. 中国畜禽遗传资源志[M]. 北京:中国农业出版社,2011.

[5]梅森. 驯养动物的进化[M]. 南京:南京大学出版社,1991.

[6]黄启昆. 云南省家畜家禽品种志[M]. 云南:云南科技出版社,1987.

[7] 徐桂芳,陈宽维. 中国家禽地方品种资源图谱[M]. 北京:中国农业出版社,2003.

[8]中国畜禽遗传资源状况编委会. 中国畜禽遗传资源状况[M]. 北京:中国农业出版社,2004.

[9]罗清尧,庞之洪,浦亚斌. 中国主要畜禽种质资源数据集[J]. 中国科学数据,2018,3(2):3-13.

[10] 常洪,耿社民,柳万生等. 家畜遗传资源学纲要[M]. 北京:中国农业出版社,1995.

[11] 张沅. 家畜育种学[M]. 北京:中国农业出版社,2001.